CHINESE FLARE MUDAN

中国紫斑牡丹

成仿云 李嘉珏 陈德忠 张佐双 著

中国林业出版社

本书有关内容由
国家“十五”863项目(2002AA241041)
国家自然科学基金项目(3017078)
北京市自然科学基金项目(6012014)
资助完成

作　　者　成仿云　李嘉珏　陈德忠　张佐双
摄　　影　成仿云　王云武　杨　格　张贺营
　　　　　杜　伟　肖　佳

中国林业出版社
环境景观与园林园艺图书出版中心

策　　划　李　惟　陈英君
责任编辑　陈英君　贾麦娥
装帧设计　大森林工作室

图书在版编目(CIP)数据

中国紫斑牡丹/成仿云等著. —北京：中国林业出版社，
2005.4
ISBN 7-5038-3968-6
Ⅰ.中… Ⅱ.成… Ⅲ.牡丹—观赏园艺 Ⅳ.S685.11
中国版本图书馆CIP数据核字(2005)第026038

出　　版　中国林业出版社
E-mail　cfphz@public.bta.net.cn　电话：66184477
社　　址　北京市西城区刘海胡同7号　邮编：100009
印　　刷　深圳中华商务安全印务股份有限公司
制　　版　北京美光制版有限公司
开　　本　235mm × 280mm
版　　次　2005年5月第1版
印　　次　2005年5月第1次
定　　价　128.00元

“……沿着陡峭的黄土小道，
凝视着掩映在一片杨树林中
令人心旷神怡的小山村，
直到我的眼神
被远处山坡上雪白雪白的东西所吸引……
我一头扎进杂木林中，
穿过松软的浅滩，迅速向那里走去。
当靠近目标时，
很快便激动得难以自禁，
因为越来越肯定我的目光正聚集在野生牡丹上！
与野生牡丹奇遇这件事自然令人欣喜若狂，
但在你第一次凝视这种奇异的花卉、
这种世界上最非凡而富丽堂皇的抗寒灌木时，
所有关于植物地理学的思考
便在心目中消失殆尽了。
在这片灌木林中，
牡丹高大、纤长、笔直，长着两根或三根不分杈的枝条，
它们优雅而平稳地摇曳着，
每枝都顶生一朵硕大的花朵。
花是纯白色的，波卷皱褶成
最醒目动人的优美线条；
花瓣基部具有紫斑，
从花心金黄色绒毛状雄蕊基部
向四周呈羽毛状放射。
这些雪白的女神
亭亭玉立于多刺低矮的小灌丛之上，
它们的芬芳散发在黄昏的余辉中……”

——*R. Farrer, 1914*

牡丹系中华传统名花，包括了中原、西北、江南、西南四个品种群。在牡丹的栽培、研究、开发、应用和花文化中，西北牡丹品种群仅次于中原牡丹而位居第二。

西北牡丹品种群主要起源于野生于甘、陕、豫等省的紫斑牡丹。它有其悠久的栽培与演化史，在西北地区广为栽培应用，灿然怒放，是很值得深入钻研、大力开发的中华奇葩。

综观我国四大牡丹品种群，紫斑牡丹实有其特异之处，分列如下：

第一，株高叶繁，花大而瓣基具一紫斑，既饶有特色，又显示一种壮丽堂皇之美。

第二，抗逆性强，尤以耐旱耐寒著称。此类牡丹还耐瘠薄土，抗病虫害而适应性强，耐粗放管理，用途多种多样，故深受广大群众之欢迎。

第三，紫斑牡丹花大色美，且花梗长而挺直，故除园林栽培应用外，还是切花插瓶的好花材。

第四，在不同品种之间，花瓣基部之紫斑又略有差异。但"紫斑"这个标志，则是共同的，常予人以新异奇特之感。

第五，紫斑牡丹着花量大而又高出叶丛之上，绝少叶里藏花之弊。

这样看来，紫斑牡丹品种群实有其在国内外进一步推广开发的良好前景，这是不容置疑的。

在有关此花的专书中，当以李嘉珏《临夏牡丹》(1989) 为最早。犹忆1986年夏，当我们在京集体编写英文本《中国的牡丹、芍药》书稿时（后因故并未出版），曾着重研讨过牡丹的起源等问题。研讨的初步结论是："推翻了历来中外都误以为中国牡丹品种只属于一个种 *Paeonia suffruticosa* 的 '一元论' 观点。在广泛确凿事实的基础上，指明紫斑牡丹不仅是临夏牡丹品种群的基本原种，而且也是中原牡丹品种群的原种之一。这样，便提出了 '牡丹多起源' 的新论点"（陈俊愉：《临夏牡丹·序》)。十多年过去了，我国牡丹研究硕果累累，成效斐然。仅以中国科学家新定（改定）之种名论，即有紫斑牡丹 *P. rockii*、矮牡丹 *P. jishanensis*、卵叶牡丹 *P. qiui*、杨山牡丹 *P. ostii*、大花黄牡丹 *P. ludlowii* 等5种以上。可以说，这是一次举世瞩目的大丰收。其间，紫斑牡丹的拉丁学名也得到了改正。

成仿云博士1988年开始研究紫斑牡丹。在他读博士生阶段（1993～1996），又着重进行了紫斑牡丹胚胎解剖学等方面的研究。此后，又经过调查研究、出国考察、积累资料和繁育、开发，终于在前人基础上与同行、同好协作钻研，著成《中国紫斑牡丹》专著。我认为这是一部牡丹领域内的好书，其优点与特色可分列如下：

其一，内容丰富，系统全面。从紫斑牡丹的分布和栽培史开始，讲到国内外传播、野生资源和品种（群）形成与分类、生态习性与生长发育特性、繁殖和栽培、商品化生产、育种与品种整理、各色品种介绍以及参考文献、品种索引等等，给读者以全面知识，并提供了便利。

其二，在"栽培史、传播与发展"一章中，对紫斑牡丹作了详尽介绍，在拉丁学名演变上证述尤详。其间采用列表比较的方式，使读者对紫斑牡丹与中原牡丹品种群之相异处一目了然，收效良好。

其三，在"野生资源"一章中，先列表简要概述了各种野生牡丹的情况，接着重点突出地介绍了紫斑牡丹，按陕甘黄土高原林区、秦巴山地、神农架林区等分布区详加论述，读者当可对野生紫斑牡丹有一全面而清晰的认识。

其四，在"品种（群）的形成与分类"上，本书特点相当突出，即"色型兼备，科学实用"。"色"、"型"、"名"三级分类法，做到了简明而又实用。其间，成绩是肯定的，主要的。仅在花色分类上，适当重视花色演化程序似嫌不足。

其五，此书之另一优点和特色，是强调了紫斑牡丹商品化生产及综合开发利用。分列盆花常规栽培生产、促成栽培生产和切花商品化栽培生产，是合适而有针对性的。园林规划设计与植物材料配植结合起来加以介绍，写来娓娓动人，是具说服力的。至药材开发与社会文化价值开发，也都讲得头头是道，引人入胜。

其六，该书之最大优点，是记载、推荐了202个紫斑牡丹品种，描述规范，图文并茂，其中有的新品已获国际登录，并标明育种者与登录者，如此全面介绍紫斑牡丹品种者，本书当名列榜首。

总之，这是一部"新出炉"的佳著。作为园林花卉界的一名老兵，读之欣慰不胜。爰就所见、所知、所感，缕陈如上，以应著者之托，并以飨读者，还就正于方家。是为序。

中国工程院院士
北京林业大学园林学院教授　陈俊愉

2005年4月5日于北京林业大学梅菊斋中

牡丹真國色
豐富並拔高
植根炎黄土
四海盡舞光

仿宝进日将赴东瀛深造临行书此以壮行色云尔

戊寅孟春 陈俊愉 于北京

前言

原产中国、被誉为“国色天香”的牡丹，在世界上享有崇高声誉。目前，中国的栽培牡丹至少可划分为中原、西北、江南和西南等四大品种群，其中西北牡丹品种群，即紫斑牡丹品种群是仅次于中原牡丹品种群的第二大品种群。

紫斑牡丹因花瓣基部有一个明显的色斑而得名，虽然野生种分布在甘肃、陕西、河南和湖北等地，但栽培品种主要集中在甘肃境内的渭河、洮河和大夏河流域古丝绸之路经过的广大地区，栽培分布以甘肃、青海、陕西、宁夏等省（自治区）为主，因此又被称为甘肃牡丹或西北牡丹。在甘肃，紫斑牡丹栽培不仅可以追溯到唐代，而且目前在全省六成以上的县市有栽培，是紫斑牡丹栽培最普及、群众基础最广泛的地区。

本书从紫斑牡丹栽培史及其在国内外的传播与发展开始，通过对野生资源、品种（群）的形成与分类、生物学特性、繁殖与栽培、商品化生产及利用、育种与品种整理的论述，以及对200多个品种图文并茂的描述，揭示紫斑牡丹独特的习性、价值以及地域文化特征，全面反映了国内外有关紫斑牡丹园艺学、植物学以及生产技术等方面的现状和最新成果与进展，旨在系统介绍紫斑牡丹的同时，在促进资源优势向商品优势转变、保护产地优势和知识产权等方面发挥一定作用，为发展具有中国特色的花卉产业和西部开发做出贡献。

甘肃渭河上游的陇中高原，是紫斑牡丹的重要发祥地，也是我的家乡。虽然孩提时代对紫斑牡丹就有深刻印象，但真正了解它是硕士毕业并在西北师范大学工作后的事。1988年，我到牡丹栽培盛地之一的临洮讲课，正为研究选题踌躇不定之时，无意被这里的紫斑牡丹所吸引，从此走上了专业研究牡丹的学术之路。后来，不论是师从北京林业大学陈俊愉院士攻读博士学位、受日本学术振兴会邀请赴日本岛根大学留学，还是受国际树木学会、美国牡丹芍药协会等邀请到欧美一些国家的大学与植物园进行交流与考察，我始终没有放松对紫斑牡丹的研究。随着人们对紫斑牡丹的认识增加，市场需要也越来越大，但原产地品种名称混乱和传统栽培繁殖技术不能适应产业化的发展等问题，使我强烈感到通过品种整理和推广先进技术来促进紫斑牡丹健康发展的重要性和必要性。于是便萌生了编书的念头，在1994年草拟了编写大纲和编写计划，并逐年完善与收集资料；2000年从日本回到北京工作后，又连续3年到甘肃原产地进行针对性调查，完善和补充了相关的资料及照片，使每一内容都能够言之有物、有据。尽管如此，由于紫斑牡丹发展和研究的基础薄弱，加上我们业务能力和客观条件所限，许多问题仅是抛砖引玉、为深入研究做一些铺垫，所以存在的不足和错误肯定不少，恳请读者批评指正。

本书是我在甘肃与李嘉珏和陈德忠先生、在北京与张佐双先生合作的结晶。李先生曾首先描述与记载了紫斑牡丹品种群，为紫斑牡丹的研究做出了重要贡献；陈先生坚持杂交育种几十年，为紫斑牡丹品种的多样化和优良品种的选育，做了大量工作。我们在兰州合作研究十几年，共同跋山涉水于丛山峻岭间、记载观察在田间花丛中、屈膝交谈至夜深人静时，常为点滴新发现而欢乐不已，又为许多老难题而感叹不绝，书中许多原始资料便是我们共同工作的积累。张佐双先生一直坚持牡丹引种与收集工作，他领导并创建的北京植物园牡丹园，是我国最重要的牡丹资源保存与展示中心之一。我一到北京工作，便与张先生合作申请了北京自然科学基金项目，把大批紫斑牡丹引入北京，在品种及园林应用上做了大量的研究工作，随后又相继得到了国家自然科学基金和国家“十五”863计划项目的资助，从客观上也催生了本书。

“国色天香西北浓”，牡丹已作为中华文明的一部分，深深地印刻在华夏儿女的心中，而大西北的紫斑牡丹将会跟上时代与科学的步伐，在快速发展的花卉产业和园林绿化事业中发挥重要作用，使千百年形成的这一宝贵财富真正成为当地人民的“富根”和“福根”，成为中华民族大花园中的一朵奇葩。

成仿云

2005年3月9日于北京柏儒苑

目录

第1章

紫斑牡丹的栽培史及其传播与发展

紫斑牡丹是中国牡丹家族中的最重要成员之一，因其花瓣基部有一个明显的紫斑而得名。虽然野生紫斑牡丹(*Paeonia rockii*)分布在我国甘肃、陕西、河南和湖北等地，但由野生种经过引种驯化或者以其作为主要遗传种质，经过长期杂交、选育形成的栽培品种（群），主要在甘肃形成了一个品种起源、演化和栽培中心，并分布到青海、陕西、宁夏等西北的其它部分地区，因此常常又被称为西北牡丹或甘肃牡丹。据不完全调查，目前紫斑牡丹共有二三百个品种，集中栽培分布在甘肃兰州、临夏、临洮等地，其种植规模、品种数量以及在国内外的影响使之成为中国牡丹中仅次于中原牡丹的第二大品种群。

1.1 科学研究简史

紫斑牡丹栽培历史悠久，但是对它的认识却是不久的事。由于与牡丹广泛而密切的联系，使紫斑牡丹研究过程中一个又一个的谜团也成了研究整个中国牡丹栽培发展过程中的重要环节，吸引了国内外植物学家和园艺学家的广泛兴趣。最近20多年的研究成果，终于对紫斑牡丹有了一个较为清晰的认识，也对全面认识中国牡丹产生了非常重要的影响。

紫斑牡丹的科学研究，与‘Papaveracea’、‘Rock's Variety’这两个分别属于中原品种群和西北品种群的栽培品种有十分密切的关系，经过扑朔迷离的曲折过程，最后随着野生种的发现并对其正确分类和定名以及栽培品种群的确立而告一段落。

1.1.1 “Papaveracea”与紫斑牡丹

紫斑牡丹中文名称自《中国高等植物图鉴》（中国科学院植物研究所 1972）首次使用以后即被广泛接受，但《图鉴》使用的拉丁学名 *Paeonia papaveracea* Andrews 中的种加词 *papaveracea*，经过曲折的研究和认识过程最终才被*rockii*取代，紫斑牡丹学名*Paeonia rockii* (S.G.Haw et L.A.Lauener) T.Hong etJ.J.Li 得到了大家的认可。要弄清 *papaveracea* 的含义和它与紫斑牡丹千丝万缕的联系，就必须从了解牡丹自中国向西方传播和进行科学研究的过程开始。

牡丹原产于中国，至少已有1 600年的栽培历史，但是应用现代科学方法对栽培牡丹起源及野生牡丹的研究，是随着中国牡丹向西方的传播开始的。最早在1787年，当时英国邱园的主任约瑟夫·班克斯（J. Banks）让东印度公司的外科医生亚历山大·杜肯（A. Duncan）在广州收集了一些牡丹运至英国，于1789年在邱园开花，从此中国牡丹不断被引种到欧洲。1804年，安德鲁斯(H.Andrews)根据这些引进的栽培品种之一，发表了牡丹的第一个种 *P.*

图 1-1(左) 安德鲁斯（H. Andrews）1804 年在历史上第一次科学记载了的牡丹 *P. suffruticosa* Andrews,标志着对牡丹进行科学分类与研究的开始。他依据的植物是 A. Duncan 于 1787 年从广州带到英国邱园的，是具有千年以上栽培历史的中国中原牡丹品种之一，学名应为 *P.* × *suffruticosa*（Haw 2001）

图 1-2(右) 安德鲁斯（H. Andrews）1807 年根据 1802 年从广州引入英国哈德福夏郡（Hertfordshire）A. Hume 爵士花园中的植物发表的 *P. papaveracea* Andrews，很长时间被认为是紫斑牡丹（种或亚种），现在已经清楚是普通栽培牡丹的一个品种，即 *P.* × *suffruticosa* Andr.'Papaveracea'

suffruticosa Andrews, 首次从植物学上描述并命名了牡丹(图 1-1)(Andrews 1804)。现在，大家公认该种是一个杂交起源的栽培种，代表着我国自唐宋以来就广为栽培的中原牡丹品种群，是由矮牡丹(*P.jishanensis*)、杨山牡丹(*P. ostii*)和紫斑牡丹(*P. rockii*)等野生种通过复杂的杂交产生的(图 3-1)，著者赞成使用 *P.* × *suffruticosa* 为其学名（Haw 2001）。在中原牡丹 *P.* × *suffruticosa* 中，大约 30% 的品种花瓣基部有紫斑，少数品种形态表现与紫斑牡丹几乎相同，充分反映了紫斑牡丹的深刻影响，这也正是 *papaveracea* 总与紫斑牡丹有牵连的根源所在。

1807 年，安德鲁斯发表了又一个种,即 *P. papaveracea* Andrews（图 1-2）(Andrews 1807)，所根据的仍然是从中国广州引进的栽培植株。1802 年，英国“希望”号轮船的 J. Prendergast 船长，把 W. Kerr 在广州收集到的一批牡丹运到了英国南部哈德福夏郡(Hertfordshire)的 Wormley Bury, 种植在 A.Hume 爵士的花园中,其中一株于 1806 年开出略泛粉色的白色单瓣花,花瓣基部的紫斑格外引人注目，是安德鲁斯发表新种的依据(李惠林 1959)。该种在 1816 年又被降为牡丹的一个变种 *P. suffruticosa* var. *papaveracea* (Andr.) Kerner，曾长期被西方植物学家错误地认为是栽培牡丹的野生原种。也正因为花瓣基部有明显的紫斑,《中国高等植物图鉴》（中国科学院植物研究所 1972）和《中国植物志》（潘开玉 1979）也先后把 *P. papaveracea* Andrews 和 *P. suffruticosa* var. *papaveracea* (Andr.) Kerner 误以为是真正的野生紫斑牡丹。

Haw 和 Lauener 认真对比研究了 *P. papaveracea* Andrews 和品种‘Rock's Variety’的植株与模式标本，并分析了《中国植物志》中的描述，指出‘Rock's Variety’才更类似野生紫斑牡丹，因此用 Rockii 取代 Papaveracea 来表示紫斑牡丹，并命名了新亚种 subsp. *rockii*，而 *P. papaveracea* Andrews 与牡丹没有任何本质区别（表 1-1），应该是其中的一个品种(Haw and Lauener 1990)。其

表 1-1 *P. × suffruticosa* ‘Papaveracea’、*P. rockii* ‘Rock's Variety’ 与紫斑牡丹（*P. rockii*）的区别[据 Haw and Lauener（1990）补充]

	‘Papaveracea’	‘Rock's Variety’	*P. rockii*
叶	二回三出复叶，小叶不超过 9 枚	或多或少三回三出复叶，小叶 19～31 枚	三回或二回三出复叶，小叶常 15～30 枚，有时可多达 60 枚以上
花瓣	花瓣白色、泛粉，基部色斑红紫色、相对较浅	花瓣纯白，有时有轻轻的粉晕，基部色斑紫红色、非常深	花瓣纯白，栽培后有时有轻轻的粉晕，基部色斑紫红色、非常深
柱头	红色	黄白色	黄白色
花盘（房衣）	紫红色	黄白色	黄白色
花丝	全部紫红色	近下半部紫红色	全部黄白色

实在此之前，Bean 也已把 *P. papaveracea* Andrews 看成是牡丹 *P. suffruticosa* 的一个品种了（Bean 1976）。然而，洪德元等人检查了 *P. pavaveracea* Andrews 的模式(图 1-2)，发现它的花白色、单瓣、具有紫斑等特征像紫斑牡丹，但花丝、花盘紫红色，柱头红色，小叶大而分裂等又像矮牡丹的特点后，根据在延安万花山及其周围发现紫斑牡丹、矮牡丹及其 Andrews 的模式同时存在的情况，推断真正的 *P. papaveracea* Andrews 是紫斑牡丹与矮牡丹之间的杂种，从而确认它就是延安牡丹 *P. yananensis* T. Hong et M. R. Li，并将延安牡丹更改为 *P. × papaveracea*（洪德元，潘开玉 1999a、b）。他们认为用“*papaveracea*”指在甘肃及陕西野生的紫斑牡丹（潘开玉 1979）或指栽培牡丹的一个品种（Haw 和 Lauener 1990）都是不合理的，从而把似乎已经清晰的“Papaveracea”与国内外学术界颇有争议的延安牡丹 *P. yananensis* 牵涉到了一起。

延安牡丹 *P. yananensis* T. Hong et M. R. Li 产地延安市万花山的生境受人为影响较大，同一地区既有紫斑牡丹、也有矮牡丹分布，加上延安牡丹本身的形态特点也介于紫斑牡丹和矮牡丹之间，因此把它认为是紫斑牡丹和矮牡丹的杂种是很自然的。但是，延安牡丹 *P. yananensis* T. Hong et M. R. Li 与 *P. papaveracea* Andrews 的形态差异是明显的，前者常有 11～15 小叶，而后者不仅小叶不超过 9 枚，而且形态特征类似于 *P. × suffruticosa* 的大多数品种。如果仅从叶形上看，*P. papaveracea* Andrews 更倾向于杨山牡丹 *P. ostii*(图 1-3)。因此，据 *P. papaveracea* Andrews 是从中原带到广州的催花植株被引种到英国的历史记载，到它所表现的各种特征吻合中原牡丹 *P. × suffruticosa* 中的许多杂种的特征，结合紫斑牡丹作为一种种质已对中原牡丹、延安牡丹等都发生了深刻影响的事实，我们可以得出这样一个结论：曾一度被视为紫斑牡丹的 *P. papaveracea* Andrews (Andrews 1807)，实际上就是一个带有紫斑牡丹血统的中原牡丹品种，即 *P. × suffruticosa* Andr.‘Papaveracea’（Haw 1985；Haw and Lauener 1990；成仿云 1994b）。可见，拉丁名称“Papaveracea”所代表内容的变迁，实际上是随着对野生和栽培牡丹及其二者之间密切关系认识的不断深化而发生的，它的紫斑牡丹血统，是这种扑朔迷离变化的根源。

1.1.2.“Rock's Variety”与紫斑牡丹

约瑟夫 · 洛克（Joseph F. Rock)(1884～1962)是一位充满神秘和传奇色彩的人物。他出生于奥地利维也纳，中学毕业后浪迹欧洲，后来落脚到美国夏威夷，靠自学成为一名植物学家。他先后受雇于美国农业部、美国地理学会和哈佛大学阿诺德树木园，于 1922～1949 年间

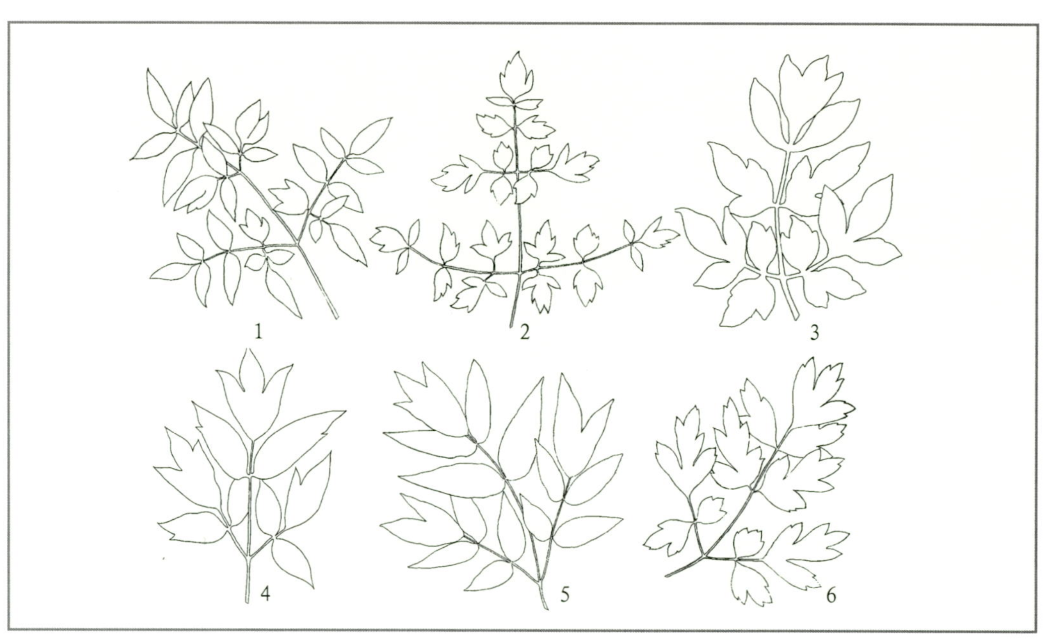

图1-3　几种与紫斑牡丹有关的种及品种的叶型比较(根据相关文献绘制)。1.紫斑牡丹原亚种即全缘叶紫斑牡丹（*P. rockii* subsp. *rockii*）（中国科学院植物所　1980）；2.太白山紫斑牡丹即裂叶紫斑牡丹（*P. rockii* subsp. *taibaishanica*）（洪德元　1998）；3.紫斑牡丹‘约瑟石’（*P. rockii*‘Rock's Variety’）（Stern　1959）（注：原文照片中为顶生复叶，发育不典型，基部充分发育的复叶有小叶15或19枚）；4.牡丹‘Papaveracea’（*P.* × *suffruticosa*‘Papaveracea’）（Haw and Lauener　1990）；5.杨山牡丹（*P. ostii*）（洪涛等　1992）；6.延安牡丹（*P.* × *yananensis*）（洪涛等　1992）

在中国居住长达27年之久，在云南、四川、甘肃和青海等地进行了大量的动植物考察和民俗、文化及宗教研究，是一位公认的植物学家、博物学家、摄影家和中国纳西文化研究权威(http://www.paeon.de/h1/rock/1-e.htm)。因此，由约瑟夫·洛克在甘肃采集，通过美国阿诺德树木园在西方各国传播开的、被称为Rock's Variety或Joseph Rock的紫斑牡丹，对西方人来说也一直像中国西部一样充满了神秘和传奇。

约瑟夫·洛克于1925～1926年间，在甘肃卓尼县(图1-4)的一个喇嘛寺（即今甘肃省甘南藏族自治州卓尼县的禅定寺，该寺曾因战乱遭到破坏，现在的寺庙是后来重建的）居住了1年之久，在寺内花园中发现了1株白花、单瓣、具紫斑的植株。大约是1932年，他采集到的种子被送到美国阿诺德树木园成功播种，然后扩散到欧美各国。1938年它们相继在美国、加拿大、瑞典、英国等国开花，并在1944年获得英国皇家园艺协会颁发的一级证书(Bean 1980; Wister 1995；Haw 1990)。这些植株常被称为Rock's Variety，长期以来在英国园艺中占有特殊的地位，一直被视为园中珍品而备受青睐。

图1-4　约瑟夫·洛克（Joseph F. Rock）在甘肃卓尼县采集的紫斑牡丹种子，被送到美国阿诺德树木园成功播种后，称为Rock's Variety，得到了广泛传播。图为他受美国阿诺德树木园派遣，在甘肃卓尼考察时(1925～1926)的11位纳西族助手(上)以及当时甘肃卓尼县城的旧貌(下)(约瑟夫·洛克摄)

Rock's Variety是野生种还是栽培品种，以及它与*P. papaveracea* Andr.和*P.* × *suffruticosa* Andr.的关系曾引起了广大研究者的兴趣。洛克在写给牡丹芍药研究权威Stern的信中谈到，他自己认为它很像野生植株，但据寺庙的喇嘛讲是从甘肃其它地方引来的，已经在寺内种植了许多年（Stern 1946）。Stern在他的有重要国际影响的专著《芍药属研究》中，把Rock's Variety看成是栽培植株，并注意到它与*P. papaveracea* Andr.在房衣和花丝颜色上的区别，可惜他把它与普通栽培牡丹混为一谈，并在描述牡丹*P.* × *suffruticosa* Andr.时所依据的实际上就是Rock's Variety（Stern 1946）。从表1-1可以看出，Rock's Variety与野生紫斑牡丹的主要区别，在于其花色有时变粉以及花丝基部紫红，这是野生植株在栽培之后出现的变化。著者1994年在甘肃文县上丹堡林业站内，看到从附近林中引种十多年的紫斑牡丹（*P. rockii* subsp. *rockii*）中，就有1株有明显的粉晕，尤其是在初开时更为显著,同时也观察到有时花丝基部紫红色的现象。

图 1-5　著名牡丹芍药研究权威 Stern 爵士在英国 Highdown 的花园，现在作为公园对公众开放，园中紫斑牡丹‘约瑟石’（*P. rockii*‘Rock's Variety’）是洛克从甘肃收集的紫斑牡丹种子的后裔，也是紫斑牡丹早期在欧洲传播的种源

甘肃兰州和平牡丹园从甘肃天水小陇山引进的野生紫斑牡丹（*P. rockii* subsp. *taibaishanica*），在栽培多年后同样出现了瓣端具粉晕以及花丝变粉、变红等类似的变化。因此，从Stern（1946）、Haw 和 Lauener（1990）以及洪德元（1998）等人对 Rock's Variety 原始标本及植株记述考证研究的结果，以及我们长期从事紫斑牡丹育种和栽培的经验来看，Rock's Variety 就是紫斑牡丹品种群中一个较为原始的品种，即 *P. rockii*‘Rock's Variety’（‘约瑟石’）（图 1-5），在甘肃各地仍然可以见到许多类似的植株，由于它们的花单瓣、白色，按传统看法没有多大观赏价值，因而以往并没有引起人们的任何重视。

1.1.3. 野生种的发现及其分类和定名

第一位发现和记录野生紫斑牡丹的是英国人 R. Farrer，他于1913年在甘肃南部的武都发现了它，并对当时的情景进行了诗情画意般的描述，一直被视为牡丹研究史上的一段佳话，在西方传播甚广。他写到他在经过长途跋涉之后抵达一个小村庄，傍晚时登上了附近一个树木茂盛的小山冈。他一边坐在那里休息，一边“沿着陡峭的黄土小道，凝视着掩映在一片杨树林中令人心旷神怡的小山村，直到我的眼神被远处山坡上雪白雪白的东西所吸引……我一头扎进杂木林中，穿过松软的浅滩，迅速向那里走去。当靠近目标时，很快便激动得难以自禁，因为越来越肯定我的目光正聚集在野生牡丹上！与野生牡丹奇遇这件事自然令人欣喜若狂，但在你第一次凝视这种奇异的花卉、这种世界上最非凡而富丽堂皇的抗寒灌木时，所有关于植物地理学的思考便在心目中消失殆尽了。在这片灌木林中，牡丹高大、纤长、笔直，长着 2 根或 3 根不分杈的枝条，它们优雅而平稳地摇曳着，每枝都顶生一朵硕大的花朵。花是纯白色的，波卷皱褶成最醒目动人的优美线条；花瓣基部具有紫斑，从花心金黄色绒毛状雄蕊基部向四周呈羽毛状放射。这些雪白的女神亭亭玉立于多刺低矮的小灌丛之上，它们的芬芳散发在黄昏的余辉中，其香可以与任何一种玫瑰媲美。我在那里逗留了很长一段时间，内心充满了崇敬之情，最后心满意足地走下山去……”（Farrer 1914，1917）。R. Farrer 当时并没有做其它进一步的记载，但他采集的标本在过去了80多年后，终于被公认作为紫斑牡丹定种（亚种）的模式标本（图1-6），他对牡丹研究的重要贡献得到了肯定（Haw and Lauener 1990；洪涛等 1992；洪德元 1998）。

第一次正确描述紫斑牡丹并将其作为一个种的是《中国高等植物图鉴》（中国科学院植物研究所 1972），随后《中国植物志》（潘开玉 1979）又将其作为牡丹的一个变种处理，于是产生了在国内各种植物学及园艺学文献中把紫斑牡丹作为种还是变种的不同描述，并开展了一些相关研究。由于当时我国科学家没有看到Rock's Variety 和 *P. papaveracea* Andrews的模式，无法将二者及其与野生植株相区别，于是紫斑牡丹便被错误定名为 *P. papaveracea* Andrews 或 *P. suffruticosa* var. *papaveracea*（Andrews）Kerner。直到 Haw 和 Lauener（1990）做了充分细致的研究后，才澄清了 *P. papaveracea* Andrews 与野生紫斑牡丹的区别。他们把紫斑牡丹作为牡丹的新亚种处理(subsp. *rockii*),后来被洪涛等人（洪涛等 1992）提升到种的等级，即*P. rockii* (S. G. Haw et L. A. lauener) T.Hong et J.J.Li，随即得到了国内外学术界的广泛认同。

图1-6(左)　Farrer于1913年在甘肃武都附近采集到的标本（Farrer No.8），藏于英国爱丁堡皇家植物园标本馆，现被作为紫斑牡丹（*P. rockii*）种的模式
图1-7(右)　英国皇家植物园（邱园）标本馆的Licent 5006号标本（1922年购入），小叶卵状披针形或披针形，大多不裂，与紫斑牡丹模式相同

Haw 和 Lauener 虽然用 Farrer 在甘肃武都采到的第 8 号标本[Kansu (Gansu),Probably near Wutu (Wudu), Farrer No. 8 (holotype, E)]作为新亚种(subsp. *rockii*)的模式标本（Type），著者2003年5月在英国爱丁堡植物园和邱园查看了他们在论文中引述的标本，发现邱园的Licent 5006号标本（1922年购入）同样是采自甘肃南部，与爱丁堡植物园的模式标本完全相同（图1-6），其共同特点是小叶卵状披针形或披针形，大多不裂（图1-7），但Haw 和 Lauener 的图中（Fig. 1 a）小叶卵状或卵圆状、大多分裂，从他们引证的标本可以肯定，该图是基于Stern 在 Highdown 栽培的‘Rock's Variety’或其它栽培的紫斑牡丹绘制的。也就是说，Haw 和 Lauener 在确定新亚种时并没有注意到紫斑牡丹种内在叶形上的明显分化，也没有看到真正的叶形类似‘Rock's Variety’的野生标本。洪涛等人在把 Haw 和 Lauener 的紫斑牡丹从亚种提升到种的等级时，也没有注意到这一点，以致后来他们在发现了类似 Farrer 标本的野生植物后，又发表了林氏牡丹(*P. rockii* subsp. *linyanshanii* T. Hong et G. L. Osti) (1994)。后者的小叶卵状披针形或披针形、常常不裂，实际上与紫斑牡丹的模式 Farrer No. 8 属同一类群，因而成了一个多余名称（洪德元 1998）。洪德元根据野外考察和蜡叶标本，最后在 Haw 和 Lauener以及洪涛等人的基础上，发现紫斑牡丹种内已经分化为两个异域亚种，即原亚种全缘叶紫斑牡丹(*P. rockii* subsp.*rockii*)和太白山紫斑牡丹亚种即裂叶紫斑牡丹(*P. rockii* subsp. *taibaishanica*)(洪德元 1998)，使紫斑牡丹的分类终于清晰而自然（见第 2 章）。

1.1.4. 栽培品种群的发现及其确认

在过去较长的一段时间里，由于研究不够深入,我国所有的栽培牡丹曾被统称为牡丹，全部归在*P. suffruticosa*（*P.* × *suffruticosa*）一个种下,并认为它们是由野生矮牡丹(*P. suffruticosa* var. *spontanea*，现学名为*P. jishanensis*)一个种起源的,即(栽培)牡丹是单元发生的。于兆英等通过核型分析，指出栽培牡丹品种并非完全起源于矮牡丹，至少有一部分品种是起源于紫斑牡丹或矮牡丹与紫斑牡丹的杂交种（于兆英等 1987），为牡丹杂交起源和多元发生提供了初步证据和说明。李嘉珏在《临夏牡丹》一书中，首先明确提出了中原牡丹多元发生的观点，并指出紫斑牡丹已在甘肃各地形成了一个独具特色的品种群（李嘉珏 1989）。于是，通过对紫斑牡丹品种群的深入调查和研究（李嘉珏 1989；成仿云等 1994a；李嘉珏等 1995）、新品种选育工作的加强（成仿云，陈德忠 1998），以及 1992 年和 1996 年“紫斑牡丹学术研讨会”和“中国花协牡丹芍药分会第四届年会”在兰州的召开，使紫斑牡丹作为中国牡丹中仅次于中原牡丹品种群的第二大品种群得到了国内外的认可（王莲英 1997；Rieck 1998；李嘉珏等 1999；Osti 1999）。现在，紫斑牡丹已成为甘肃省花卉产业发展中最具特色的产品，在国内各种大型重要花事活动中获得了普遍好评，少数新品种通过国际登录（成仿云 1994）在国内外广泛传播。紫斑牡丹品种群与中原牡丹品种群的主要异同可以归纳为表 1-2。

表 1-2　紫斑牡丹品种群与中原牡丹品种群的比较

	紫斑牡丹品种群	中原牡丹品种群
植株	植株高大，普遍在 1m 以上，有的可高达 2m 以上	植株较矮小，一般在 1m 以下
茎及修剪反应	年生长量 8～15cm；当年生嫩枝常为 30～60cm 或更长，较耐修剪	年生长量 5～10cm；当年生嫩枝常为 20～40cm，不耐修剪
叶	小叶数较多（多数在 15 枚以上），叶形变化较少	小叶数较少（一般为 9 枚），叶形变化复杂
花色	花色不太丰富，缺乏鲜红色品种，以白色居多；所有品种花瓣基部均有显著的色斑	花色较丰富，大约 20%～30% 的品种花瓣基部有色斑，且大多数色斑小而不十分显著
花香	浓郁	清淡
着花	着花量大，无大小年现象；花朵均直立于叶丛之上	着花量小，部分品种有大小年以及叶里藏花现象
花型及演化	花型演化程度较低，台阁品种不足 5%，托桂型较多	花型演化程度高，大多数为重瓣品种，其中台阁类占 30% 左右，托桂型较少
根系	变化较少，毛细根较多	随品种变化，一般毛细根较少
习性及寿命	花期较晚；寿命较长；抗寒性及抗旱性强，很少有病虫害	花期较早；寿命较短；有一定的抗寒及耐湿热能力，抗病性差
育种	实生苗返祖现象较轻（重瓣率较高）；大多数重瓣品种可育，选育新品种的空间较大	实生苗返祖现象严重（单瓣率较高）；大多数重瓣品种不育，选育新品种的余地较小
应用	商品化生产程度低，对大多数品种的生长习性缺乏观察研究；适合种苗及切花生产	商品化生产规模大，对大部分品种的习性了解较多；适合种苗及盆花生产
栽培分布	以甘肃临夏、临洮和兰州为中心，遍及甘肃各地及附近陕西、青海和宁夏的部分地区，已引种到北京、菏泽、洛阳、沈阳等地	以山东菏泽和河南洛阳为栽培中心，遍及北京、郑州等全国许多地方

1.2 栽培发展简史

从唐都长安（今西安）把牡丹栽培及牡丹文化推上历史高峰的史实（杨军，曾明 1993；成仿云 2001），到至今黄土高原及秦岭山地还分布着紫斑牡丹、矮牡丹和杨山牡丹等与牡丹品种起源有关的野生原种（李嘉珏 1999；洪德元，潘开玉 1999a、b），毫无疑问，西北地区是我国栽培牡丹的主要起源和发祥地。然而，由于古文献在记述野生牡丹时笼统地称野牡丹，而把栽培牡丹则全都囊括在中原牡丹中，结果使西北土生土长的紫斑牡丹及其品种（群）长期被“埋没”，增加了我们了解紫斑牡丹栽培发展史的难度。根据植物学和园艺学的最新研究成果，结合有关文献记载和考古发现，初步可以得出紫斑牡丹在甘肃栽培发展的轮廓，可以认为它就是西北紫斑牡丹的发展历史。

1.2.1 药用栽培始于汉

1972年在甘肃武威县柏树乡的旱滩坡汉墓中发现的医简，被认为对研究我国医学遗产具有非常重要的科学价值，其中就有用牡丹治疗“血淤病”的记载（第十一号简载[][]瘀方：甘当归贰分，弓穷贰分，牡丹贰分，露庐贰分，桂贰分，蜀椒壹分，蝱壹分）（甘肃省博物馆，武威县文化馆 1975）。这是我国迄今已有的文献中，最早关于牡丹的文字记载，从现有的研究资料分析，位于甘肃河西走廊的武威一带，不具备野生牡丹自然分布的可能性，因此医简表明这里的牡丹药用栽培至少始于东汉（25～220）（图 1-8）。紫斑牡丹与牡丹有同样的药用功能，当时人们并没有能区分开二者的认识水平，以及从现在的实际栽培表现中紫斑牡丹比牡丹更能适应甘肃河西走廊一带比较严酷的气候环境等方面分析，虽然还没有明确的证据表明该医简中的记载也包括紫斑牡丹，但是也无法完全否认这种可能性。

图 1-8　1972 年甘肃武威东汉（25~220）墓出土医简，是我国历史上迄今有关牡丹的最早记载

1.2.2 观赏栽培始于唐

唐中宗（705～710）的宰辅、耿国公赵彦昭在家乡张掖新墩乡修建别墅时曾植有牡丹。当时国都长安(今西安)的牡丹栽培已开始繁盛起来，但是尚未达到最鼎盛的阶段，赵彦昭所植牡丹是从长安引种、还是从甘肃本地移植不得而知。

胡元质《牡丹记》记述了前蜀时徐延琼不远千里从甘肃天水移植牡丹至成都宅第，《蜀总志》中对此描述得更为详细：“王蜀*(号其苑曰宣华，……皆无牡丹。惟蜀主舅徐延琼闻秦州董成村僧院有牡丹一株，所植年代深远，使人取之，掘土方丈，盛以木柜。自秦州至成都三千余里……”(薛凤翔《牡丹史》)。秦州即今甘肃天水一带，离唐都长安较近，经济、文化相对比较发达，是丝绸之路的必经之地，而且也是野生紫斑牡丹分布区。《蜀总志》所记述的是唐末五代时的情况，从“所植年代深远”，可以肯定天水一带在唐时就有牡丹栽培了；而从“掘土方丈，盛以木柜”，以及运往蜀地（成都）时的艰辛可以判断，该牡丹株形高大繁茂，应该是典型的甘肃紫斑牡丹。

* 王蜀：唐壁州（四川导江）刺史王建，从公元 894 年起，先后兼并西川、东川和汉中四十六州。后梁建立，他在成都称帝，国号蜀，史称前蜀。子王衍继位，925 年为唐庄宗所灭（《牡丹史》，李东生点注）。

图1-9　2001年甘肃临洮出土的唐代陶罐的不同侧面，在其栩栩如生的彩纹图饰中有紫斑牡丹纹饰，是继武威汉墓中出土牡丹医简以来，甘肃境内又一次发现与牡丹有关的重要文物，证明在1 400年前的唐朝，临洮一带就有紫斑牡丹栽培

陇上文化名城临洮，历史悠久，自秦汉以来一直是汉族经济、文化与各兄弟民族互相接触、交流和融合的重要之地，也是紫斑牡丹栽培的重要发祥地和栽培分布中心。2001年6月该县洮河奇石馆孙向东先生从县城文庙巷建筑工地收到灰陶罐两件，其中一件器表饰紫斑牡丹图案。紫斑牡丹纹灰陶罐为侈口、圆肩、鼓腹、平底，罐高26cm，口径14cm，腹径24cm。通体饰白色陶衣。在颈部以黑彩饰如意云气纹，腹部四面各一组以黑红两彩饰牡丹纹样。其中相对两组纹饰基本相同，为牡丹侧面图，花瓣层次分明，瓣间黑红两彩将瓣隔开，显出紫斑纹样，有一叶绘出牡丹叶径;另两组纹饰基本相同，为变体牡丹纹正面图，瓣心亦用黑彩饰出花斑，四组两对主体图案都表现出紫斑牡丹花纹，下腹部饰花瓣纹一周（图1-9）。2003年经临洮县博物馆鉴定为唐代遗物，距今1 400年左右。这是继甘肃武威汉墓中出土医简以来，在甘肃境内又一次发现与牡丹有关的重要文物，尤其是它栩栩如生的彩纹图饰中，花瓣基部的深色花斑使人确信它就是紫斑牡丹。这不仅证明了当时在临洮有紫斑牡丹栽培，也增加中国牡丹纹（陈鲁夏，谭红丽 2000）中一种极其稀有而少见的种类——紫斑牡丹纹。

图1-10　兰州金天观古牡丹‘紫朱砂’，据传为唐代遗物；金天观始建于唐，明清时曾是西北地区最大的道观之一，明时观内辟山字园，又名牡丹池，曾名噪一时

另外，位于甘肃兰州的金天观（现名兰州市工人文化宫），最早始建于唐，至明清时曾是西北地区最大的道观之一。金天观西北隅在明朝辟为山字园，又名牡丹池，原有牡丹40余株，据说是唐代遗物，高2m余，有‘紫朱砂’、‘观音面’和‘醉杨妃’等品种（胡大浚 1992）。著者2000年5月调查时看到，昔日名扬天下的牡丹池似已多年失管，不过在高大的槐荫柳影下，仍有十余株紫斑牡丹在疏于管理的圃地中生长，其中有两株高过2m，冠幅4m左右，最大枝干径粗在10cm以上，株龄估计在60年以上，它们生长旺盛，繁花盛开（图1-10），其余大多数植株老枝干死亡，从根部重新生出的新枝尚幼、无花。

从以上这些不同侧面的信息推测，甘肃紫斑牡丹的观赏栽培很可能略晚于中原牡丹，但是至少在唐朝中期已经开始了。

1.2.3 观赏栽培发展于宋（金）

对于宋金时代甘肃紫斑牡丹的栽培情况，尚未发现有文字记载，但是从一些考古发现可以看出，当时牡丹已为人们所熟悉，成了民间艺术及装饰雕刻的题材之一。这些恰恰发生在现被

认为是甘肃紫斑牡丹栽培发展中心的临夏和兰州一带，表明当地牡丹栽培已有了一定基础。例如，1980年在临夏市南龙乡王闵家村发现的金大定15年（1175）进义校尉王吉砖室墓，四周皆以雕刻和压模花砖装饰，在华丽精致的图案中，就有许多牡丹。同样，1953年在兰州市城关区发掘的一座金明昌（1190）年间墓葬中，除棺座中央平铺着牡丹花雕砖四部外，墓壁四周也有一些牡丹花雕。临夏砖雕雕刻精美，绚丽多姿，是临夏地区建筑装饰艺术中的一颗明珠，遍见于民宅居室、拱北、寺庙等处。它源于宋金，成熟于明清，近代更臻完美，历史悠久，迭代不衰。牡丹砖雕作为临夏砖雕的重要内容和形式之一被很好地传承了下来，在临夏、临洮和兰州等甘肃牡丹栽培盛地，经常能看到它在房屋装饰或寺庙建筑中的应用（图6-37）。

1.2.4 **品种群形成于明清**

明清时代对紫斑牡丹的记载多了起来。明代主编《永乐大典》的解缙，曾于1398年谪居河州（今甘肃临夏）1年，对河州花事盛加赞誉。他在《寓河州》诗中写道："长城只自临洮起，此去临洮又数程。秦地山河无积石，至今花树似咸京。" 明嘉靖三十五年（1556）《平凉府志》记甘肃平凉一带牡丹芍药"俱有，红白数色，千叶单叶"。明嘉靖癸亥年（1563）所编《河州志》记载了临夏有各色牡丹栽培。有关资料表明，除甘肃外，宁夏在明代也有紫斑牡丹栽培。明万历本宁夏《固原州志》物产中有牡丹的记载。嘉靖（1522～1566）年间《宁夏新志》载有"拥出雕栏二尺饶，'娇红''嫩白'照金袍"（张勋《赏镇守西园牡丹》），"百姓尽瞻龙衮贵，群花都让牡丹尊"（路升《陪丽景圆宴诗》），以及"春工未许便栏杆，且放清光护粉丹"（保勣《次静庵赏牡丹韵》）等赞美和观赏牡丹的诗句（蓝保卿等 2002 ）。

根据清康熙至道光年间（1687～1890）甘肃各地县、州（府）志及《甘肃通志》的记载，东至宁县、正宁，南至武都、文县，北至民勤，西至酒泉，共38个县以上建制中有牡丹栽培者33县（州），占86.8%。如《河州志》（1707）记牡丹"有数十种"。《陇西县志》（1738）记：牡丹"品多，最为名胜"。《静宁州志》（1746）记："宋家山，在州东南九十里，近武山。山左有峪曰'松柏峪'，昔多松柏，今牡丹繁殖"。康熙本《靖远县志》记："牡丹旧无，今潘府园内自（宁夏）固原移栽，开花结实，水土颇宜。"《敕修甘肃通志》（1736）记秦州（治所在今天水）"牡丹原，在州西南六十里，嶓冢山西，广沃宜稼，岩岫间多产牡丹，花时满山如画"。乾隆年间刊本《甘州府志》（1779）、《肃州新志》（1897）记述了甘州（即今甘肃张掖）和肃州（即今甘肃酒泉）等地牡丹"花大如碗"，"有红、白、黄、紫四色，叶虽差小，甚香艳。"

对牡丹集中产地如临洮、临夏、兰州则有更多记载。清代著名陇上诗人吴镇（1721～1797）不仅对家乡临洮的牡丹大加赞美："牡丹真富贵，狄道（即临洮）堪称雄，绝艳生天末，芳华比洛中。"而且在观赏了临夏牡丹栽培之盛况后更为赞叹："枹罕（即今临夏）花似小洛阳，金城（即今兰州）得此岂寻常？但能醇酒千壶醉，安用雕兰八宝装。大帅雄风传北盛，美人国色在西方。竹间水际今犹昔，岂独声华重李唐"吴镇用"大帅雄风"、"美人国色"写出了西北牡丹的气势和神韵。此后，当友人陈子盘谈及河州牡丹之胜时，他感慨系之，怅然有作："牡丹随处有，胜绝是河州。及尔谈今夕，令予感旧游。风清和政驿，月满镇边楼。只恐重来此，名花笑白头。"

嘉庆刻本龚景翰编《循化志》（即今青海省循化县）记述当地（含今甘肃临夏）不仅有牡丹、芍药栽培，而且"打儿架山（今临夏附近大立架山）上野花极繁，多不知名，惟牡丹、芍药可指数。"清末编撰的《甘肃通志》记载牡丹在甘肃"各州府都有，惟兰州较盛，五色俱备。"清末兰州"林亭之胜、琼绝一时"的" 憩园"，是甘肃布政司谭继询的后花园，所植牡丹颇具名气。其子谭嗣同曾提到"甘肃故产牡丹，而以署中所植为冠，凡百数十本，着花以百计，高或过屋。"民国时期，邓家花园（原甘肃省主席邓宝珊的私园）曾大量种植牡丹，在兰州名气很大。当时，兰州金天观牡丹池（见前面叙述）的牡丹也颇为壮观，1941 年春，兰州名流曾在牡丹丛中宴请国画大师张大千，张即兴绘牡丹图一帖。江西诗人徐韵潮赋诗记其盛："真迹千年吴道子，名家此日遇张询。牡丹迟我重来游，欣赏何辞酒百巡"（胡大浚 1992）。

上述文献记载表明，明清时期尤其是到了清代时，甘肃牡丹栽培已经很盛。据调查，临夏、临洮一带现存的许多传统品种至少是从清朝传下来的，其中有十几个品种，如'佛头青'、'绿蝴蝶'和'太士黄'等，曾出现在《群芳谱》、《花镜》等著作之中（它们是否就是古籍中的品种留传至今尚待考证），所以可以肯定，经过明清两代的发展，甘肃紫斑牡丹作为一个独立的品种群实际上已经形成。

1.2.5 品种群发现和研究于今

《临夏牡丹》一书较系统地描述与记载了紫斑牡丹（李嘉珏 1989），是该品种群研究和发展的一个新起点。之后，伴随着国内外调查研究的不断深入和生产栽培的迅速发展，对紫斑牡丹逐渐有了更多的了解，本书便是对近十几年来研究工作的一个全面总结。

1.3 在国内外的传播与发展

1.3.1 向国外的传播与发展

尽管最近有资料显示，德国植物学家 Schneider Camillo Karl（1875～1951）曾有可能最早把紫斑牡丹介绍到西方，但紫斑牡丹向国外的传播，有记载的是 1925～1926 年约瑟夫·洛克（Joseph Rock）在甘肃卓尼县禅定寺的收集开始的，并伴随着洛克博士在中国 27 年生活的传奇经历和他在植物采集、民俗文化及语言研究等领域的斐然成就，以及世界著名的美国哈佛大学阿诺德树木园，和作为园林智慧和财富象征的英国 Frederick Stern 爵士的贡献而扬名于西方各国，长期以来被视为园中珍品而备受青睐。大约在 1932 年，阿诺德树木园成功播种了洛克在甘肃收集的种子，并在美国、加拿大、瑞典和英国等国成功地扩散植株。后来，这些植株被称为'Rock's Variety'，在美国和英国得到了不同程度的发展，分别形成了所谓的美国类型（US form）和英国类型（UK form），前者花瓣平展、数量较少，后者花瓣增多、边缘多皱(Smithers 1992)。

英国著名牡丹、芍药权威 Stern 爵士在 1936 年从加拿大得到 1 株紫斑牡丹，1938 年种植在 Highdown 自己的花园中，到 1959 年时生长成高 2.4m、冠幅 3.7m 的大树（Stern 1959），成为"Rock's Variety"在英国广为流传的种源（Smithers 1992）。著者与英国邱园的牡丹芍药专家 Mike Sinnott 先生，2003 年 5 月专门到 Highdown 考察，发现最大 1 株紫斑牡丹株高和冠幅约 2m，部分枝条有开始进入衰老期的迹象，推测株龄至少在 60 年以上。对照 Stern1959 年发表的彩图，可以肯定该株就是 Stern 当年的'Rock's Variety'。它的花白色、单瓣，花瓣大而舒展，花丝粉红至紫红色，而且明显延长（有瓣化的倾向）（图 1-5）。几乎完全相同的植株也在英国皇家园艺协会的 Wisley 公园、Hidcote Manor 公园（图 1-11）和 Sir Harold Hillier 树木园

图1-11　英国Hidcote Manor 公园的紫斑牡丹

图 1-12(左)　英国 Sir Harold Hiller Gardens 的紫斑牡丹，是用大花黄牡丹作为砧木（箭头）嫁接繁殖的

图 1-13(右)　英国 Highdown Gardens 中紫斑牡丹‘约瑟石’（‘Rock's Variety’）的各种实生后代，不同的花型与花色说明洛克当年在甘肃采种的是基因杂合的栽培植物，在经过种子繁殖时后代发生的变异，是有关资料和苗圃目录中经常看到‘Rock's Variety’同名异物的根源

等处能够看到，而且在 Sir Harold Hiller 树木园的植株是嫁接在大花黄牡丹上的（图 1-12）。种种迹象表明，在英国可能曾有人进行过这株‘Rock's Variety’的营养繁殖。然而，在邱园现存的 1 株常被称为‘Rock's Variety’紫斑牡丹，显然与 Stern 的‘Rock's Variety’不同，其花瓣基部色斑红色、较小，很可能是Stern植株的实生后代（与Mike Sinnott先生讨论）。在Highdown公园，我们看到了许多植株大小不等的紫斑牡丹正在开花，除了绝大多数是白色单瓣外，也有部分植株的花为粉色、红色，半重瓣或重瓣（图 1-13）。据公园管理者介绍，它们都是‘Rock's Variety’的实生苗，其中许多是种子成熟脱落后，自然萌发长成幼苗后移植的。这就充分说明和进一步肯定了洛克当年在甘肃采种的是栽培植物，其基因是杂合的。它在西方各国经过种子繁殖时，后代发生了分离，在花部特征和叶形、株形等方面都发生了不同的变异，其中那些白色单瓣的植株都被称为‘Rock's Variety’，这就是我们在有关资料和苗圃目录中经常看到‘Rock's Variety’同名异物的根源。

除了上述众所周知的事实外，中国紫斑牡丹向国外传播还有许多鲜为人知或有待揭开的谜团。2003 年著者在应维也纳大学植物研究所邀请，参加为纪念洛克而举办的“牡丹芍药国际学术会议”期间，在奥地利维也纳的有关植物园、公园和私人花园中，看到了许多典型的紫斑牡丹，它们的园艺化水平较高，基本上是一些半重瓣和重瓣的品种，形态特征类似甘肃紫斑牡丹中的传统品种（图 1-14）。由于没有记载，没有人知道这些植株被引种的具体细节，现在的管理者和主人都讲，在他们的前任或长辈之前就已经存在了，有些估计可能在洛克于甘肃采集紫斑牡丹之前。著者2003年受国际树木学会（International Dendrology Society, IDS）资助，在英国访问期间从邱园、爱丁堡植物园和自然历史博物馆的蜡叶标本中，发现了多份 19 世纪末、20 世纪初在中国，尤其是在甘肃、青海、四川甚至西藏等地采集的紫斑牡丹（栽

图1-14 在奥地利维也纳的公共与私人园林中有一些中国牡丹，其引入栽培年代不详，来源与名称无法考证，但肯定不是现代品种，其中紫斑牡丹较多。左上图为在维也纳大温室绿地中丛植的紫斑牡丹，与欧洲七叶树同时开花；左下图为维也纳大温室开阔的草坪上，紫斑牡丹与修剪规则的常绿树一起配置，在中国园林中鲜见；右图为维也纳某私家庭园中屋前开花的紫斑牡丹

培品种）标本，一般都被放在 *P. suffruticosa (P.* × *suffruticosa)*中。这一方面为数百年前上述地区紫斑牡丹的栽培分布提供了有力证据，另一方面也说明对紫斑牡丹确实还有许多需要进一步研究的问题。

在德国的Zuchau，Ebert先生家在第二次世界大战之前就经营的小苗圃中，有许多花大、瓣重的紫斑牡丹，据Ebert的父亲回忆，它们是20世纪50年代初民主德国与中国关系良好之时，他从中国获得的一批种子培育而来的（Cartens 2002，个人通讯）。美国中国植物专家J. Waddick 1993年访问中国（Waddick 1994）后，从甘肃收集到一些紫斑牡丹种子（王庆瑞 1995，个人交流），并通过国际牡丹芍药种质网（Species Peonies International Network,SPIN）分发给各国的会员，其中德国I.Rieck的种苗已正常开花，显然与在甘肃生长的植株没有任何区别（图1-15）（Irmtraud 1998，个人通讯）。20多年前建立的意大利Centro Botanico Moutan，成百亩的紫斑牡丹长势旺盛，一望无际，就是在紫斑牡丹原产地的甘肃也很少有如此大的规模。这里用特殊的苗床繁殖幼苗的方法在国内也很少见（图1-16）。此外，在美国、澳大利亚等国都有种植紫斑牡丹实生苗和进行紫斑牡丹育种的报道。

日本在牡丹向西方的普及传播中曾发挥过重要作用，在英国邱园、爱丁堡植物园和自然历史博物馆的标本中，都能发现一些19世纪末20世纪初在日本采集的栽培紫斑牡丹标本（由于当时研究水平的限制，它们全部被放在 *P. suffruticosa*，即 *P.* × *suffruticosa* 中），说明紫斑牡丹早就传入了日本。W. Gratiwick 是在美国推广牡丹的先驱，他在引进大量日本牡丹的同时，也从日本引进牡丹种子培育适生品种，其中就有据称是从中国卓尼寺庙中采集的种子培育出的‘Choni’。这是一个典型的紫斑牡丹栽培品种，开深紫红色荷花型花，植株高大（1.5m以上），小叶较小，常15枚以上，叶背明显被毛，由于育性强而常作为亲本材料用

图 1-16　意大利 Centro Botanico Moutan 目前在欧洲种植中国牡丹的规模最大，图示它的苗圃种植（前面较矮者为中原牡丹，后面较高者为紫斑牡丹）（左）和用高床进行紫斑牡丹实生苗繁育(右)的情况

图1-15　德国I.Rieck通过国际牡丹芍药种质网（Species Peonies International Netwek,SPIN）获得的甘肃紫斑牡丹种子播种开花，她在20世纪末曾两次专门到中国考察牡丹，并专门撰文并在其牡丹专著中重墨介绍甘肃牡丹，推动了紫斑牡丹在德国的传播

于杂交育种（Armatys 1970）。纽约 Pavilion 的 Linwood Gardens，现在由 W. Gratiwick 的女儿 L. Gratiwick 管理，仍然保存着‘Choni’和由它的种子繁衍的许多实生植株，花期早于这里种植的 Saunders 和 Daphnis* 杂种，可惜著者 2004 年在 Linwood Gardens 考察时没有赶上花期（图 1-17）。可以肯定，产生‘Choni’的种子来自栽培的紫斑牡丹，但没有任何事实表明，曾有日本人到甘肃卓尼寺庙采集过紫斑牡丹，推测是由于受约瑟夫 · 洛克在卓尼采到‘Rock's Variety’的影响，出于商业目的而杜撰了它的来源。

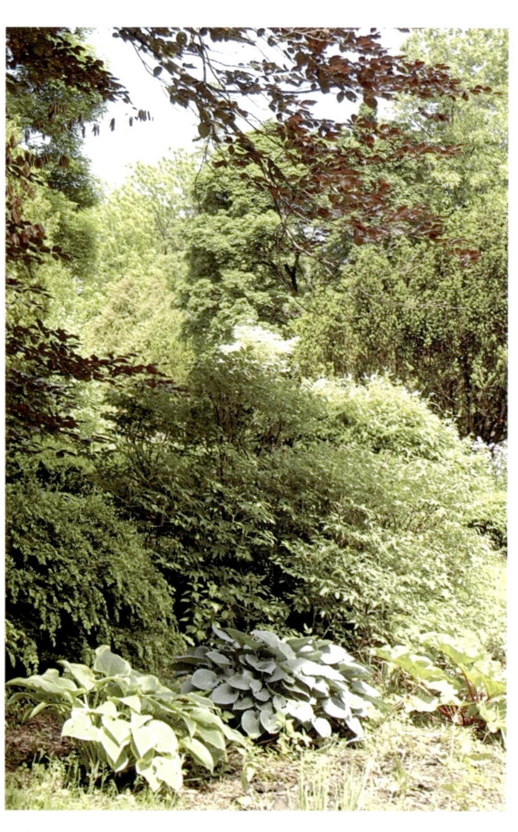

图 1-17　美国 Linwood Gardens 的‘Choni' 紫斑牡丹，开深紫红色荷花型花，是美国牡丹种植先驱 W. Gratiwick 借道从日本引进的紫斑牡丹种子培育的；它是一个典型的栽培紫斑牡丹，但据称是从中国卓尼寺庙中采集的种子说法值得怀疑

我国改革开放后，紫斑牡丹通过上海、北京、菏泽、洛阳和甘肃等地被直接或间接输入美国、英国、日本、德国、意大利、荷兰、加拿大、俄罗斯、丹麦和奥地利等许多国家（图 1-18）。据估计，近年来先后大约有十余万株紫斑牡丹从甘肃销往世界各国，其中一部分被植物园和树木园收集，一部分则被一些苗圃作为种苗种植和销售。1994 年，著者对‘紫蝶迎风’、‘白碧蓝瑕’、‘黑旋风’、‘红线女’、‘灰蝶’、‘金城女郎’、‘陇原壮士’、‘蓝荷’、‘蓝墨双辉’和‘书生捧墨’等 10 个新品种进行了国际登录，并应当时的登录权威 Kessenich 女士的邀请，详细向国外介绍了我国紫斑牡丹的基本情况（成仿云 1994a；成仿云等 1994），宣传和扩大了紫斑牡丹的国际影响。这些品种现在已经被国外许多权威著作引用，并广泛出现在许多专业苗圃的销售目录中，作为继‘Rock's Variety’之后我国紫斑牡丹的又一批使者，深受人们的喜爱。在国际

* 由著名牡丹育种家 A. Saunders 与 N. Daphnis 用牡丹（*P.* × *suffruticosa*）与黄牡丹（*P. delavayi* var. *lutea*）和紫牡丹（*P. delavayi*）杂交培育出的品种，常常又被称为美国牡丹（American Hybrids）。

牡丹芍药界十分活跃的德国专家I.Rieck女士和意大利专家G.L.Osti先生等人，在20世纪末先后赴甘肃考察，并在各自的牡丹专著中重墨描写了紫斑牡丹(Osti 1997; Rieck and Hertle 2002)，对促进紫斑牡丹在欧洲的传播起了重要作用。可以说，紫斑牡丹作为中国牡丹的一个重要品种群已为国际园艺花卉界所熟悉，正在变得越来越受欢迎。

除了栽培应用外，紫斑牡丹在国外也被用于杂交育种，其中有些新品种已经在市场上可以买到。以在国际芍药属新品种登录机构——美国牡丹芍药协会登录为据，瑞士的P. Smithers爵士培育出了‘Ambrose Congreve’(1994)、‘Baron Thyssen Bornemsza’(1992)、‘Dojean’(1990)、‘Luelia’(1994)、‘Lydia Foote’(1992)、‘Snow Thunderstorm’(1992)、‘Brigadier Lane’(2003)和‘Sir Frederick Stern’(2003)，美国的B. Seidl培育出了‘Lavender Hill’(1996)，法国的M. Riviere培育出了‘Fendango’(2003)、‘Mephisto’(2003)和‘Ouragan’(2003)以及H. Entsminger的‘Grand Teton’(1996)，这些品种都是以早期在西方传播的紫斑牡丹‘Rock's Variety’这个品种为亲本培育出的。另外，紫斑牡丹‘Choni’也被用于杂交育种，培育出了‘Murad of Hershey Bar’（W.Gratwick 1986）以及‘Angel Emily’和‘Angel Choni’（图1-19)(B. Seidl)。可以肯定，由于紫斑牡丹普遍结实性较强，随着越来越多的品种在国外传播，已经有许多人开始将其用于杂交育种，将来肯定会有更多的紫斑牡丹新品种在中国以外的地方被培育出来，这是紫斑牡丹在国外传播和发展的必然结果。

图1-18 意大利G.L.Osti先生私人植物园中的紫斑牡丹（1996年从甘肃引入）。G.L.Osti是著名的牡丹专家，曾多次到中国考察野生牡丹，对促进中国牡丹研究的发展以及中西文化与科学交流做出了贡献

图1-19 美国威斯康星州Bill Seidl是美国非常活跃的牡丹杂交育种专家，图为他培育的紫斑牡丹‘Angel Emily’（左）和'Angel Choni'（右）('Rock's Variety' X 'Shintenchi')

1.3.2 在国内的传播与发展

国内紫斑牡丹的栽培分布中心是甘肃中部的临夏、临洮和兰州一带，品种分布范围除了甘肃省的大部分地区外，也涉及青海东部、宁夏南部和陕西西部的一些地方。在紫斑牡丹作为一个独特的品种群被确认后，随着对它的园林绿化和花卉生产价值的认可而被迅速引种到全国各地，特别是牡丹传统栽培盛地菏泽和洛阳在推广和传播中发挥了重要作用。近十多年来，紫斑牡丹从甘肃已被成功地引种到山东菏泽、济南、河南洛阳、北京、湖北武汉、上海、辽宁沈阳、陕西西安、四川彭州、黑龙江牡丹江以及青海、新疆、内蒙古等地的许多城市和地区，表现出广泛的生态适应性和广阔的发展前景，已成为我国牡丹生产和经营不可缺少的内容。据不完全估计，改革开放以来，大量的紫斑牡丹从甘肃销往全国各地，在洛阳王城公

图1-20 北京植物园已成功引种栽培100多个紫斑牡丹品种，在牡丹园西北隅专辟紫斑牡丹观赏区，图为紫斑牡丹'醉桃'（左）和'雪海冰心'（右）开花的美景

园以及北京植物园、景山公园等国内著名牡丹园中，都专门建立了紫斑牡丹观赏区。尤其是在北京自然科学基金项目“紫斑牡丹向北京的引种及其在首都园林中应用研究”的资助下，北京植物园成功引种100多个紫斑牡丹品种（图1-20），初步建成了紫斑牡丹观赏、展示与保存区，将对促进紫斑牡丹宣传、推广和应用发挥重要作用。相信随着产地商品化生产水平的提高和科学研究的不断深入，紫斑牡丹在我国北方，尤其是许多较寒冷和干旱地区将得到进一步的推广和应用。

在紫斑牡丹向国内外传播中，一个鲜为人知的事实是通过藏传佛教活动向我国西藏和不丹等地的传播。早在100多年前，Brühl（1896）根据1884年有人在西藏亚东接近不丹和锡金的春丕采集的标本发表了牡丹的一个亚种 *P. moutan* subsp. *atava*（*P. moutan* Sims 是1808年根据1794年从中国引入英国的栽培品种命名的，后来公认它是 *P. suffruticosa* Andrews 的异名），成了牡丹研究中又一个让中外科学家苦思冥想的难题。Stern(1946)认为 *atava* 的两号样本是 *P. suffruticosa* 的不同园艺类型，Haw 和 Lauener（1990）将其作为亚种 *P. suffruticosa* subsp. *atava* 对待，并认为是值得怀疑的分类群（Haw 2001）。洪德元院士通过实地调查和研究，证明了它就是紫斑牡丹，并认为是从秦岭被喇嘛寺的和尚带到我国西藏的日喀则、亚东及不丹等地的（洪德元 1997）。著者2003年在邱园查看了 subsp.*atava* 的模式标本（图1-21），残留的花瓣由于时间太长变色而无法清楚判断色斑的颜色，但从叶型可以肯定它是一个紫斑牡丹的栽培品种即*P. rockii*'Atava'。在西藏许多地方，牡丹常被称之为“神花”而备受崇拜，在西藏日喀则的扎什伦布寺及其它地方的一些喇嘛寺中栽培着一些年代久远的紫斑牡丹老树（北京林业大学张启翔教授1994年调查，个人交流），成了藏汉文化交流的见证。藏民把牡丹称为“神花”是否受到早在唐朝时牡丹就被称为“天都神花”的影响无从考证，但它充分反映了牡丹在西藏人民心中的神圣地

图1-21 英国皇家植物园（邱园）的紫斑牡丹 *P. rockii* 'Atava' 模式标本（*P. moutan* subsp. *atava* Brühl 1896），采自西藏亚东接近不丹和锡金的春丕，曾被放在牡丹 *P. suffruticosa* 中作为值得怀疑的分类群（Haw 2001）

图 1-22　藏传佛教文化传播重地甘肃夏河拉卜楞寺，位于青藏高原东缘，与临夏和卓尼相邻的夏河县，是紫斑牡丹的传统栽培地之一

位，这与甘肃临夏、甘南等地各少数民族群众崇尚牡丹一脉相承。位于青藏高原东缘，与临夏和卓尼相邻的夏河县是紫斑牡丹的传统栽培地，县城附近的拉卜楞寺被称为“东方的梵蒂冈”，是藏传佛教文化传播的重要中心之一（图 1-22），在紫斑牡丹开花季节，常有附近居民会剪下切花，供奉于寺内佛像前。由于寺庙道观是牡丹及牡丹文化传播的重要途径(杨军，曾明 1993)，不难想像就与‘Rock's Variety’可能是从天水等地传入甘南一样，西藏各地的紫斑牡丹很有可能就是从甘南通过佛事交流被带入的。因此，紫斑牡丹在汉、回、藏和东乡等多民族聚集的地区繁荣，并进一步向西藏深入传播，本身是一种文化融合和交流的结果，其意义远远超过了普通花卉传播和科学研究的价值，加强了把牡丹作为中国国花的民族基础和文化基础。

1.4 对其它牡丹品种群的影响

中国牡丹经过长期发展，已经形成了以中原品种群、西北品种群、江南品种群和西南品种群为主，延安品种（亚）群、鄂西品种（亚）群为辅的基本格局（图 3-1），西北品种群即紫斑牡丹品种群仅次于中原品种群，在中国牡丹中占有十分重要的地位，并对其它品种群产生了深刻影响。

在各大栽培品种群中，除了少数品种外，绝大多数都是多元起源的，这是自牡丹多元论(李嘉珏 1989）提出以来，被大量调查研究证实的结论。紫斑牡丹（*P.rockii*）除了对西北牡丹品种群的直接影响外，其种质已渗入其它中国牡丹品种群，这与该种的广域分布和遗传多样性丰富有密切关系（见第 2 章）。通过品种起源的分析，结合以下几点形态特征，大体上可以判断各个品种有无紫斑牡丹的种质渗入(包括直接的或间接的)，进而从总体上衡量紫斑牡丹对各品种群的影响程度。这些特征是：(1) 花瓣基部的色斑，有紫斑牡丹种质渗入时出现大小和形状不同的紫斑、紫红斑、紫黑斑或棕红斑等；(2) 花心包括柱头、房衣和花丝的颜色，一般紫斑牡丹花心颜色偏浅，为淡黄色至黄白色；(3) 叶片上小叶数量的多少，一般紫斑牡丹在 15 枚以上，小叶片偏小，叶背多毛。

1.4.1 对中原牡丹品种群的影响

中原牡丹主要分布于黄河中下游及华北平原，但集中分布于山东菏泽、河南洛阳，是中国栽培牡丹中起源较早且品种最为丰富的类群。该品种群主要由矮牡丹和紫斑牡丹经栽培驯化、反复杂交（包括品种间的杂交）演化而来，部分品种也有杨山牡丹和卵叶牡丹的影响。从总体上看，矮牡丹影响最大，次为紫斑牡丹，再次为杨山牡丹和卵叶牡丹。据李嘉珏1993年对127个中原牡丹品种调查，发现其中有明显紫斑的品种38个，约占调查品种的29.9%，甚至个别品种直接表现出紫斑牡丹的性状。花粉分析发现，中原牡丹品种群既有与矮牡丹相似的穴状纹饰，也有与紫斑牡丹相似的粗网状纹饰，但有较多的品种为穴网状纹饰。而穴网状纹饰应是矮牡丹和紫斑牡丹共同作用的结果，这类品种有‘鸦片紫’、‘盘中取果’、‘似荷莲’、‘秦红’、‘古班同春’、‘洛阳红’、‘大棕紫’、‘青龙卧墨池’、‘璎珞宝珠’等。此外，具网状和粗网状纹饰的品种，其形态特征，特别是花部特征与矮牡丹和紫斑牡丹、中原牡丹品种群和西北牡丹品种群的杂交后代基本一致，可以认为这些品种也是由矮牡丹和紫斑牡丹的杂交后代演化而来（袁涛，王莲英 2002）。

1.4.2 对延安牡丹品种群的影响

延安牡丹品种群是以陕西延安当地野生牡丹为基础发展演变形成的一个小品种群，根据其起源关系可划分为中原品种群延安亚群，形态学和孢粉学等多学科研究都表明，矮牡丹和紫斑牡丹对其有深刻影响（李嘉珏 1999）。延安牡丹主要集中在延安万花山，约有17个品种，大部分品种演化程度较低，存在着一系列介于矮牡丹与紫斑牡丹之间的过渡类型，或者说存在着有紫斑与无紫斑一一对应的情况。这种现象有人称之为“平行演化”，如与矮牡丹‘白玉仙’对应的有紫斑矮牡丹‘红星’，与‘瑞香紫’（图1-23）对应的有‘紫斑瑞香紫’，与‘粉荷莲’对应的有‘紫斑粉荷莲’，等等。其中非常接近紫斑牡丹的品种有‘粉盘黄珠’，该品种除花丝（中下部为紫色）接近矮牡丹外，其房衣与柱头为淡黄色或黄白色，小叶可达21枚，均为明显的紫斑牡丹性状。另外‘白玉仙’、‘万花香’等接近矮牡丹的品种高仅0.6～0.7m，而‘瑞香紫’及‘延安红’等品种则高达1.5～1.8m。此外，在反映矮牡丹和紫斑牡丹繁殖特点（成仿云等 1997）的根状茎有无上各品种间也有所不同。延安万花山牡丹中，确实存在一个较小的矮牡丹居群，在万花山林缘灌丛中也发现了典型的开白花的紫斑牡丹。因此，延安牡丹是个处于半野生半栽培状态的类群（图1-24）（万花山长期受到人类活动的干预，有据可查者在400年以上），虽然现有品种中偏矮牡丹性状的居多，但仍然可以看到紫斑牡丹的深刻影响，

图1-23(左) 延安万花山侧柏林中野生的延安牡丹‘瑞香紫’，清晰的紫斑表明具有紫斑牡丹的血统

图1-24(右) 陕西延安万花山半野生半栽培状态的延安牡丹及牡丹诗词碑石，这里受人类活动干预有据可查者在400年以上

可以肯定是二者杂交起源的结果。

1.4.3 对鄂西牡丹品种群的影响

鄂西即湖北西部的襄樊、保康、建始一带，这里的栽培牡丹同样根据其起源关系可划分为中原品种群鄂西亚群（李嘉珏 1999）。近年来，不仅发现神农架林区及保康县荆山山脉分布有紫斑牡丹、杨山牡丹和卵叶牡丹，而且在襄樊、保康及建始、恩施一带有牡丹栽培。襄樊以观赏栽培为主，建始、恩施以药用栽培为主，但地方品种都不多。保康也有为数不多的老品种，但近年来通过天然杂交或人工杂交，已有20多个品种。

鄂西牡丹是中原牡丹南移和当地野生种杂交选育的结果。从整体上看，受紫斑牡丹的影响相当明显，杨山牡丹和卵叶牡丹的影响较为有限。如建始牡丹‘湖蓝’和‘建始粉’都有明显的紫红斑，且植株较为高大，长势旺盛，显然有着紫斑牡丹的基因渗入。襄樊牡丹‘卧龙出山’花瓣基部有紫红斑，小叶15枚，生长势强，表现出一些紫斑牡丹性状；‘襄阳大红’和‘隆中粉’花瓣也有紫红斑，反映出紫斑牡丹的影响。保康牡丹中如‘凤还巢’等，花瓣基部具大型黑紫斑，房衣、柱头肉黄至黄白色，小叶19～23枚，生长势强，带有明显的紫斑牡丹性状。

1.4.4 对西南牡丹品种群的影响

西南牡丹栽培分布较广，但品种数量不多。目前主要栽培地为四川彭州，其次为云南西北一带。此外，重庆市垫江等地有药用栽培。从历史上看，彭州牡丹来源有三：一是甘肃天水一带的紫斑牡丹品种南移；二是从河南洛阳引进的中原品种；三是当地牡丹。其中以宋代从洛阳引进的中原牡丹品种占主导地位。上述品种经长期风土驯化保存下一批高度重瓣的台阁品种，如‘玉楼子’、‘金腰楼’、‘胭脂楼’、‘紫绣球’等，花瓣均带有黑紫斑或紫红斑。现有品种约20个，大多数也具有大小不一的色斑（约占总数的70%），小叶数较多，说明紫斑牡丹直接和间接地对该品种群形成有着重要影响。

1.4.5 对江南牡丹品种群的影响

分布于江南一带的牡丹品种起源较为复杂，紫斑牡丹的影响相对较弱。据分析，江南牡丹品种中，一类是凤丹系列品种，应由杨山牡丹直接演化而来；二是中原牡丹品种南移后经长期风土驯化的产物，如宁国牡丹中的‘西施’、‘粉莲’，其花部特征与花粉纹饰与矮牡丹较为一致；三是当地牡丹与南移中原品种的杂交后代，这些品种形态特征类似杨山牡丹，但花粉纹饰与中原品种接近，如宁国牡丹中的‘玉楼’、‘凤尾’，推断它们是凤丹系列品种与中原品种的杂交后代；四是西北品种经中原南移后，适应江南气候的结果。最明显的有江苏盐城的‘紫袍’（‘盐城红’），其瓣基有明显的黑斑，具粗网状纹饰的花粉，均表明该品种有着紫斑牡丹的血统。近年来，江苏盐城新选育的品种和安徽铜陵由菏泽引进的以‘凤丹’为母本，中原牡丹为父本（混合花粉）的杂交后代，均表现不同程度的紫红斑或黑紫斑，也反映出紫斑牡丹对该品种群的间接影响。

第2章 紫斑牡丹的野生资源

在植物学上，牡丹隶属芍药科（Paeoniaceae）芍药属(*Paeonia*)，该属又划分为牡丹组(Sect. Moutan)、芍药组(Sect. Paeonia)和北美芍药组(Sect. Onaepia)。其中牡丹组为木本类群，全部种类为中国特有，包括了革质花盘亚组(Subsect. Vaginatar)和肉质花盘亚组(Subsect. Delavayanae)(Stern 1946)。

2.1 芍药属牡丹组的分类

2.1.1 芍药属牡丹组分类概况

20世纪90年代以来，牡丹的分类取得了令人瞩目的进展，虽然对个别种类在学术上尚有不同看法(Haw and Lauener 1990；洪涛等 1992；洪德元，潘开玉 1998；李嘉珏等 1999；洪德元等 1999a、b)，但是已经基本弄清了野生资源的现状，使我们对牡丹的基本种类及其分布有了较为清晰的认识。目前，除牡丹(*P.* × *suffruticosa*)为栽培杂种在我国各地广泛栽培外，野生种类主要有紫斑牡丹(*P. rockii*)、矮牡丹(*P. jishanensis*)、卵叶牡丹(*P. qiui*)、杨山牡丹(*P. ostii*)、四川牡丹(*P. decomposita*)、紫牡丹(*P. delavayi*)、黄牡丹(*P. delavayi* var. *lutea*)、狭叶牡丹(*P. delavayi* var. *angustiloba*)和大花黄牡丹(*P. ludlowii*)共7个种和2个变种（表2-1），其

表2-1　牡丹的种类及其分布

种类 \ 分布	西藏	云南	四川	甘肃	陕西	山西	河南	湖北	湖南	安徽
牡丹 *P.* × *suffruticosa* *	+	+	+	+	+	+	+	+	+	+
紫斑牡丹 *P. rockii*				+	+		+	+		
矮牡丹 *P. jishanensis*					+	+	+			
卵叶牡丹 *P. qiui*							+	+		
杨山牡丹 *P. ostii*				+	+		+		+	+
四川牡丹 *P. decomposita*			+	+						
紫牡丹 *P. delavayi*	+	+	+							
黄牡丹 *P. delavayi var. lutea*	+	+	+							
狭叶牡丹 *P. delavayi* var. *angustiloba*		+	+							
大花黄牡丹 *P. ludlowii*	+									

* 栽培种，除上述省、自治区外，其它许多省、自治区也有栽培。

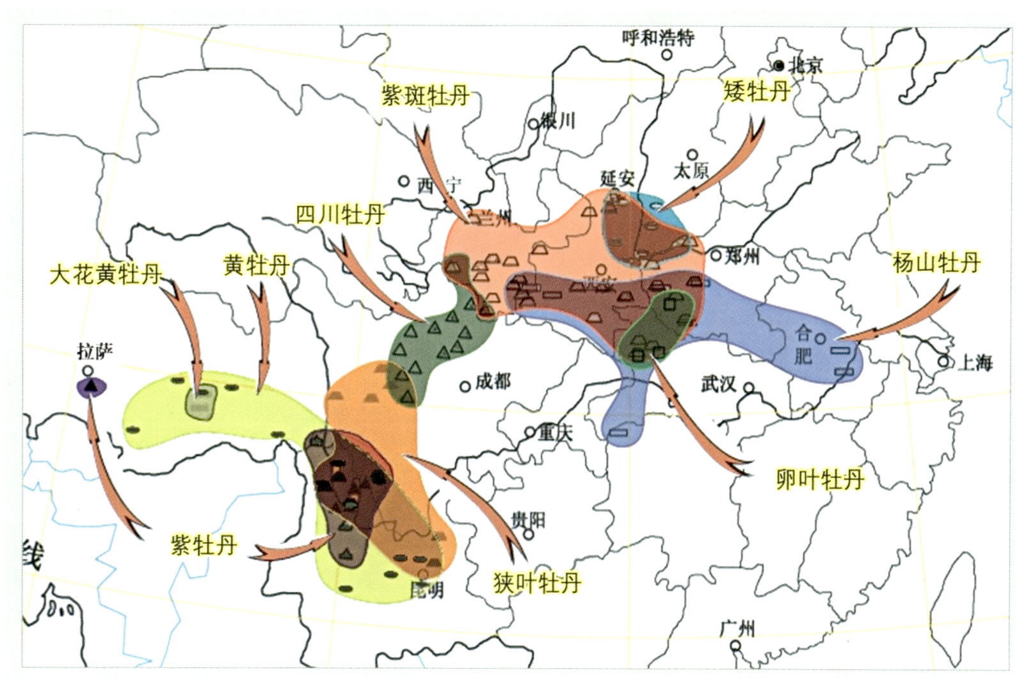

图2-1　野生牡丹的分布：野生牡丹为中国特产，在黄土高原—秦巴山地—川西北高原有革质花盘亚组的紫斑牡丹、矮牡丹、卵叶牡丹、杨山牡丹和四川牡丹，在青藏高原东南部—云贵高原有肉质花盘亚组的紫牡丹、黄牡丹、大花黄牡丹和狭叶牡丹

中紫斑牡丹包括原亚种即全缘叶紫斑牡丹(*P. rockii* subsp. *rockii*)和太白山紫斑牡丹亚种即裂叶紫斑牡丹(*P. rockii* subsp. *taibaishanica*) 2个亚种，四川牡丹包括原亚种(*P. decomposita* sbusp. *decomposita*)和圆裂四川牡丹(*P. decomposita* sbusp. *rotundiloba*)2 个亚种。此外，尚有保康牡丹(*P.* × *baokangensis*)和延安牡丹(*P.* × *yananensis*)两个杂种。

野生牡丹从我国黄土高原、秦巴山地向西南，到青藏高原东部、东南部及云贵高原北部，形成一条分布带。根据分布区气候及其它相应的自然特征，牡丹组野生种的分布可划分为正好与两个亚组的分类相对应的两大分布区：黄土高原—秦巴山地—川西北高原分布区分布着革质花盘亚组的紫斑牡丹、矮牡丹、卵叶牡丹、杨山牡丹和四川牡丹，青藏高原东南部—云贵高原分布区分布着肉质花盘亚组的紫牡丹、黄牡丹、大花黄牡丹和狭叶牡丹（图 2-1）。

图2-2　紫斑牡丹形态（中国科学院植物所 1980）

图2-3　野生紫斑牡丹茎的形态（甘肃文县上丹堡）

2.1.2 紫斑牡丹及其分类

早期对紫斑牡丹的认识及其分类充满着曲折和传奇，但自洪涛教授正确定名（洪涛等 1992）后，洪德元院士又深入研究、澄清并解决了一些疑难问题，划分了 2 个亚种（洪德元 1998），使紫斑牡丹分类更为清晰和自然。

紫斑牡丹(《中国高等植物图鉴》)(图 2-2)

P. rockii (S.G. et L.A. Lauener) T. Hong et J. J. Li in Bull Bot. Res. 12(3):227-228, 1992

落叶灌木，高 50～200cm。茎直立，圆柱形（图 2-3）。叶为三回或二回羽状复叶，小叶常 15～30 枚，有时可多达 60 枚以上；小叶披针形、卵状披针形或狭卵形、椭圆形，长 2～8cm，宽 1～3cm，大多不裂或少数 3 裂，全缘，表面无毛或近无毛，背粉绿色，沿脉疏生柔毛。花单生枝顶，直径约 15cm；苞片约 4，宽披针形；萼片约 4，近圆形；花瓣约 10，白色，偶见

图 2-4(左) 全缘叶紫斑牡丹，即紫斑牡丹原亚种，小叶披针形至卵状披针形，大多不裂，花常白色、少粉色

图 2-5(右) 裂叶紫斑牡丹，即太白山紫斑牡丹亚种，小叶卵形至卵圆形，大多分裂，花常白色，少粉色、红色

粉色或红色，内侧基部具紫色斑块，宽倒卵形；雄蕊多数，花药金黄色，花丝淡黄白色，偶见中下部淡紫红色；革质花盘鞘状，黄白色，偶见淡紫红色或紫红色，开花前包被心皮，果期不规则开裂成瓣；心皮通常5枚，子房密被黄色短毛，花柱不显著，柱头扁平，黄白色。花期5月，蓇葖果8月下旬或9月上旬开裂、种子成熟。

紫斑牡丹包括以下两个异域亚种：

（1）紫斑牡丹原亚种即全缘叶紫斑牡丹（图 2-4）

P. rockii subsp. *rockii* D. Y. Hong in Acta. Phytotax. Sin. 36(3):538-543, 1998

与太白山紫斑牡丹亚种的主要区别是，该亚种小叶披针形至卵状披针形，大多不裂。分布在甘肃南部（武都、康县、文县、舟曲和迭部等县）、陕西秦岭的南坡（略阳）、河南伏牛山（嵩县、栾川、卢氏、内乡和灵宝等地）和湖北保康及神龙架林区。

（2）太白山紫斑牡丹亚种即裂叶紫斑牡丹（图 2-5）

P. rockii subsp. *taibaishanica* D. Y. Hong in Acta. Phytotax. Sin. 36(3):538-543, 1998

与原亚种的主要区别是，太白山紫斑牡丹亚种小叶卵形至卵圆形，大多分裂。分布在陕西太白山、南五台、终南山、陇县、延安和甘泉，甘肃子午岭林区的合水以及天水小陇山林区。

2.2 野生紫斑牡丹的生境及其分布

野生紫斑牡丹分布于甘肃中部黄土高原及陇南山地，陕北黄土高原及其南部秦巴山地，河南、湖北西部山地，目前在甘肃子午岭林区还保存有全国面积最大的野生居群（定光凯等 2002）。它不仅从形态上已分化为两个异域的亚种（洪德元 1998），而且分布区北部与矮牡丹、南部与卵叶牡丹和杨山牡丹都有复合分布区，并已发现有过渡类型存在，在甘肃陇东和陕西陕北等地发现有粉红花和红花类型，同时发现核型在种内也有分化（除 2A 核型外还有 2B、3B 核型）（李嘉珏等 待发表）。紫斑牡丹的这种广域分布和遗传多样性在与我国栽培牡丹起

图 2-6　紫斑牡丹的野生分布
（▲全缘叶紫斑牡丹 ▲裂叶紫斑牡丹）

源有关的野生种（革质花盘亚组）中是独一无二的，也是它对栽培牡丹直接或间接产生重要影响的基础。紫斑牡丹的分布，基本上可根据不同地区生态条件的差异，划分为陕甘黄土高原林区、秦巴山地和神龙架林区三大区（表 2-1，图 2-6）。

2.2.1 陕甘黄土高原林区分布区

在黄土高原甘陕交界的子午岭林区（庆阳、合水）及陕北延安（甘泉、延安）等地的梢林区均发现有太白山亚种即裂叶紫斑牡丹分布。子午岭属温带半湿润气候，年平均气温 7.4～8.5℃，极端最高气温 36.7℃，极端最低气温 -27.7℃，≥ 10℃积温 2 600～2 700℃，年平均降水量 500～620mm，无霜期 110～150d。土壤为灰黄绵土或灰褐土。在合水县太白林区和平定川林区，紫斑牡丹的天然分布达 133hm^{2}以上（刘立品 1998）。它们在海拔 1 350～1 510m 的沟掌梁半阴坡（东北坡）或阴坡杂木林下呈星散连片分布，其伴生乔木主要有辽东栎（*Quercus liaotungensis*）、山杨(*Populus davidiana*)和白桦(*Betula platyphylla*)等，灌木有水栒子(*Cotoneaster multiflorus*)、北京忍冬(*Lonicera elisae*)、葱皮忍冬(*L. ferdinandii*)、牛奶子(*Elaeagnus umbellate*)、土庄绣线菊(*Spiraea pubescens*)和毛樱桃(*Prunus tomentosa*)等，最大植株树龄 27 年，株高 1.84m。最近，定光凯等人（2002）还在子午岭一带发现粉红色紫斑牡丹（图 2-7）。

在延安万花山山顶的灌木丛中，常常也能发现裂叶紫斑牡丹植株生长。著者 2001 年调查发现，延安市甘泉县雨岔乡二里沟分布着大量野生紫斑牡丹，从沟底两侧到梁顶（1 300～1 500m）约 20～33hm^2。特别值得一提的是，该地除了正常白花以外，有一部分植株的花为粉红色或红色（图 2-8）。伴生植物主要有辽东栎、小叶杨(*Populus simonii*)、白桦、侧柏(*Platycladus orientalis*)、陕西荚蒾(*Viburnum schensianum*)、卫矛(*Euonymus alatus*)、东

图 2-7　裂叶紫斑牡丹生境(左)与粉花裂叶紫斑牡丹(右)(甘肃子午岭林区)(右图由定光凯先生提供)

图 2-8 裂叶紫斑牡丹生境(右) 与红花裂叶紫斑牡丹花(左上) 及花蕾(左下) (陕西甘泉)

陵八仙花(*Hydrangea bretschneideri*)以及野棉花(*Anemone tomentosa*)、紫花地丁(*Viola chinensis*)等。附近南河村张社荣祖父移植在地埂旁林缘的数十株，株龄已超过 50 年，株高 2m 左右，至今生长旺盛，开花繁茂。

2.2.2 秦巴山地分布区

紫斑牡丹在秦巴山地分布较广，两个亚种均在这里异域分布。

在甘肃境内西秦岭山地的北秦岭、南秦岭均有分布。在天水小陇山腹地沙坝一带，裂叶紫斑牡丹散见于阔叶林下或林缘（图2-9）。这里海拔 1 565～2 019m，年平均气温 6.9℃，极端最高气温 31℃，绝对最低气温 -22℃，年平均降水量 834mm，年平均蒸发量 925.8mm，无霜期 154d。土壤主要为山地棕壤，pH 值 6.5 左右。伴生乔木主要有锐齿栎(*Quercus aliena* var. *acuteserrata*)、山杨、白桦、鹅耳枥(*Carpinus turczaninowii*)、椴树(*Tilia tuan*)和漆树(*Rhus verniciflua*)等，灌木有榛子(*Corylus heterophylla*)、甘肃山楂（*Crataegus kansuensis*）、黄蔷薇(*Rosa hugonis*)、栒子（*Cotoneaster*）、卫矛、绣线菊(*Spiraea salicifolia*)、连翘(*Forsythia suspensa*)和箭竹（*Fargesia nitida*）等，下层草本多以蒿类、蓼和茜草为主。

图 2-9(右) 裂叶紫斑牡丹（甘肃天水）
图2-10(左) 全缘叶紫斑牡丹植株及生境之一（甘肃文县）

在甘肃南部的文县（图 2-10），全缘叶紫斑牡丹分布于海拔 1 300～3 200m 的半阴坡、半阳坡的疏林下或灌丛中，这里年平均气温 7～10℃，极端最高气温 32～35℃，极端最低气温 -15～-22℃，年平均降水量 600～800mm，土壤为山地棕壤。据我们1994 年调查，伴生乔木主要有栓皮栎(*Quercus variabiis*)，灌木有毛黄栌(*Cotinus coggygria* var. *pubescens*)、毛樱桃、胡枝子(*Lespedeza bicolor*)、马桑(*Coriaria sinica*)、小叶忍冬(*Lonicera microphylla*)、水红木(*Viburnum cylindricum*)和甘肃荚蒾(*V. kansuense*)等，下层草本植物有苔草、茜草、雀麦、天门冬、野棉花以及鳞毛蕨、蹄盖蕨等。

秦岭中段陕西境内的秦岭南北坡均有裂叶紫斑牡丹分布。在太白山自然保护区，紫斑牡丹分布在海拔 1 100～1 800m、坡向以北及西北为主的山坡丛林中，在 35° 坡面及山沟中部及上部较为多见，多在落叶栎林或杂木林的林缘及林窗向阳地段。这里土壤为褐土或黄棕壤，pH 值 6～7，年平均气温 11～14℃，年平均降水量 620～820mm。在其它各地，紫斑牡丹则多生于向阳山坡丛林、稀疏灌丛及干旱的岩石缝隙中，很少见于阴湿沟谷。其群落组成多为喜光的中旱生类植物，乔木主要有山杨、漆树、锐齿栎和华山松等，灌木有黄栌、桦叶荚蒾(*Viburnum betulifolium*)、小叶丁香(*Syringa microphylla*)、甘肃山楂、红柄白鹃梅（*Exochorda giraldii*）、大花溲疏(*Deutzia grandiflora*)和陕西绣线菊(*Spiraea wilsonii*)等，藤木有葛藤(*Pueraria lobata*)和华中五味子(*Schisandra sphenanthera*)，下层草本有狼尾花、野青矛和筋骨草等（狄维忠，于兆英 1989）。

秦岭东段河南境内，全缘叶紫斑牡丹分布于豫西伏牛山区的嵩县、栾川、卢氏和内乡等地，集中分布于嵩县车村乡、木植街乡和栾川县合峪乡三乡接壤地带的杨山主峰周围海拔 1 300～1 650m 范围内，面积约 25km^2。杨山地区年平均气温 12℃，极端最低气温 -19℃，年平均降水量 821.9mm。紫斑牡丹在南北走向山沟两侧山坡中部零星分布，山势陡峭（坡度大多为 30° ～ 45° ）的石崖上部及石缝是其主要生长地，其土壤层极薄，多为花岗岩分化的山地棕壤，pH 值 6.43。这里的热量和光照条件较差，但水分条件较好，阴凉湿润是其生境的主要特点。植株的生长因生境差异而有所不同，在林下土壤肥厚处叶片明显较大（长 × 宽 > 33cm × 30cm），在阳坡灌丛中的叶片较小（长 × 宽仅为 18cm × 10.2cm）；一般主茎年平均生长 10.3cm，6、7 和 8 年生的植株高分别为 32.5～100cm、58.1～121.5cm 和 40.9～122cm(张益民等 1988)。杨山地区的植物群落属温带落叶阔叶林，乔木优势种为栓皮栎、漆树、槭树(*Acer truncatum*)、山核桃(*Juglans cathayensis*)、白蜡(*Fraxinus chinensis*)和青麸杨(*Rhus potaninii*)等，灌木优势种主要是华北忍冬(*Lonicera tatarinowii*)、棣棠(*Kerria japonica*)以及藤本的大叶铁线莲(*Clematis heracleifolia*)，下层草本优势种为野菊花(*Dendranthema indicum*)、细叶苔草(*Carex capilliformis*)、缘毛鹅观草(*Roegneria pendulina*)、唐松草(*Thalictrum aquilegifolium*)等，紫斑牡丹在灌木层中的密度仅为 6 株 /100m^2，不占任何优势。另外，在栾川县龙峪湾林场海拔 1 300m 左右向阳陡坡落叶阔叶林下，紫斑牡丹最大植株 10 年生，高 1.7m，其四周 5m 范围内有 14～18 株 1～4 年生幼苗生长。该地土壤为棕壤、偏酸（pH 值 5.4～5.6），群落中乔木主要有栓皮栎、漆树、千金榆(*Ulmus pumila*)、山核桃、构树(*Broussonetia kazinoki*)等，灌木有杭子梢(*Campylotropis macrocarpa*)、毛黄栌、粗榧(*Cephalotaxus sinensis*)、连翘等，藤本有葛藤、铁线莲、悬钩子等。

2.2.3 神龙架林区分布区

神龙架地处湖北西北部，东连保康，西与四川巫山、巫溪触境，南依兴山、巴东而濒长江，北靠房县，是我国气候带的南部亚热带与北部温带以及地貌上的西部高原与东部低山丘陵的过渡地带，属秦岭山系与大巴山的东延余脉。全缘叶紫斑牡丹主要分布在本区北段的宋洛山（1 100m）、古庙垭（1 300m）、古水（1 600m）、牛皮郎（2 200m）、刘响寨（2 500m）以及高桥、黄杨沟等土层较肥厚的山坡灌丛地带，并在松柏、泮水的村前屋后已有引种栽培。在海拔 1 000～1 600m 之间的地段，紫斑牡丹分布较多，一般多丛生半山坡密林间的向阳空旷地，土壤为山地棕壤（海拔 1 500～2 200m）及山地黄棕壤（海拔 1 500m 以下），pH 值 5.6～6.3。从植被垂直带看，紫斑牡丹分布限于中山与低山之间的常绿落叶阔叶与针叶混交林带，伴生植物种类十分丰富，乔木有巴山松（*Pinus henryi*）、华山松(*P. armandii*)、亮叶桦(*Betula luminifera*)、鹅耳枥、槲栎(*Quercus aliena*)、刺叶栎(*Q. spinosa*)

图 2-11　湖北神龙架及其附近地区是我国重要的野生牡丹分布区，图示全缘叶紫斑牡丹开花（上）及生长在树丛（左下）、岩石山缝中（右中）和悬崖峭壁之上（右下）（湖北保康）

和化香(*Platycarya strobilacea*)等，灌木有杜鹃(*Rhododendron*)、胡枝子(*Lespedaza*)、栒子和荚蒾等。在保康县横冲林场附近山林中的全缘叶紫斑牡丹，花色纯白，花萼和苞片稍肥厚，小叶多在 30 枚左右；结实性强，种子常被动物传播到岩石山缝中，形成在悬崖峭壁上生长的奇特景观（图 2-11）。

紫斑牡丹在神龙架林区一般 2～3 月芽萌动，4 月全缘叶紫斑牡丹抽叶，5 月开花，6 月结果，9 月种子成熟，10 月底枯叶。生长过程的年平均气温 12.2℃，1 月最低气温 -4.9～ 1℃，7 月最高气温 18 ～24℃，年平均降水量 1 000～1 700mm，无霜期 200d 左右。由于海拔不同其降雨量和无霜期也不相同。神龙架林区的温度和湿度条件都明显优于其它两大分布区，使这里的紫斑牡丹表现出较好的耐湿热性（钱敏之等 1991）。

2.3 野生紫斑牡丹资源的保护和利用

野生牡丹是我国特有的种质资源，不仅具有重大的科学价值、文化价值，而且还有巨大的观赏和药用价值，对于研究和保护我国的生物多样性（陈灵芝 1993）、继承和发扬我国的传统（花卉）文化以及促进和发展我国的花卉产业和药材生产都具有重要意义。然而，由于人为破坏和各种自然因素影响，野生牡丹的分布范围日渐缩小，个体数量急剧减少，大部分种类已处于珍稀濒危状态，其中紫斑牡丹是受威胁程度最高的种类，已被列为国家重点保护植物（国家环境保护局，中国科学院植物研究所 1987）。近年来各种调查研究结果显示，紫斑牡丹的保护已成为我国野生牡丹资源保护中最为严峻和迫切的问题。

目前，野生紫斑牡丹的分布、种群及个体的数量都在以前所未有的速度急剧减少甚至消失。在甘肃中南部，许多林区曾广泛分布紫斑牡丹，近年来调查发现分布范围已缩小 2/3 以上，绝大多数地方是在最近二三十年才完全绝迹的。在调查中经常能遇到一些 60 多岁的当地人，讲起某某地方二三十年前紫斑牡丹曾成片生长和开花的情况，或者它们被如何采挖（根皮）灭绝的故事。在陕西，据考早年紫斑牡丹北起延安梢林地区，中经关乔黄龙、南至秦巴山地广有分布。但目前仅残存于个别地方，而且数量极少。20 世纪 30 年代还有紫斑牡丹分布的平利华龙山，50 年代的南五台山等地，今经复查已无踪迹（狄维忠，于兆英 1989），60 年代在太白山很常见，但现在已几乎找不到了（洪德元，潘开玉 1999）。在河南西部洛阳周围山区，50 年代初在嵩县、栾川、宜阳、新安、渑池、陕县、灵宝、卢氏、洛宁、汝阳和临汝等地山区可以见到野生牡丹，目前仅在嵩县、栾川和卢氏尚有（蓝保卿等 2002）。

造成紫斑牡丹濒危的内在原因是它的繁殖能力差。种群更新和个体增加都是以繁殖为基础的，野生紫斑牡丹属于典型的专性种子繁殖，播种是其繁殖的惟一方式（图 2-12），不像其它兼行营养繁殖的野生牡丹，除了种子之外，还可以通过根出条、根状茎等进行繁殖（成仿云等 1997）。在自然生境中，紫斑牡丹植株的萌蘖力较差，常常 3～5 枝成株，只有在老枝枯死或受破坏时才从根颈部产生萌蘖芽长成新枝，使植株得以更新，但不会增加植株的数量，植株数量增加只能通过种子来实现。景新明等（1995）发现野生紫斑牡丹有以下特点：①种子生根率很低；②本来生根率就很低，而且其中相当一部分又萌发出苗困难，不能形成幼苗；③萌发时间长（萌动生根比栽培牡丹延长 1 倍以上），而且对温度要求严格（高于 20℃的环境温度对生根和发芽明显不利，而分布区 7～8 月份平均气温高于 20℃）；④种子衰老快、寿命短，干藏 1 年内完全失活，自然环境中若未遇合适的温度和湿度条件，就不能较快进入萌发状态而死亡。此外，由于气候改变等因素的影响，紫斑牡丹在原生境中因花芽败育、开花异常以及传粉受精受阻等造成不能正常结实的现象比较常见（图 2-13），加上由于居群不断缩小，小居群内自花授粉也进一步使种子结实率和生活力更低，从而造成一种恶性循环。因此，

图 2-12　野生裂叶紫斑牡丹实生苗（左：陕西甘泉；右：甘肃文县）

由种子特性造成的自然繁殖能力差是紫斑牡丹减少、致濒的主要内在原因。

造成紫斑牡丹濒危的外在原因是人为破坏，即基于其药用价值和观赏价值的乱挖滥采。紫斑牡丹是传统中药材“丹皮”的主要来源之一，药用采挖一直屡禁不止，再加上其花大而美丽，又为许多园艺及花卉爱好者争相采集。甘肃中南部地区盛产中药材——丹皮也是其中的主要种类之一，这里在牡丹观赏栽培相当普遍的今天，仍然没有多少药用牡丹栽培，丹皮肯定是来自野生资源，这使我们不难理解为什么野生紫斑牡丹在许多地方已经灭绝。

紫斑牡丹生长旺盛，对干旱、湿热和病虫害的抗性较强，适应性广，从它对现有栽培品种（群）的形成和品质产生的重要影响可以看出，用于品种改良不仅可以极大地提高品种的观赏价值，而且还可以较大地改善其栽培性状，在抗性育种和培育切花品种方面潜力巨大，是革质花盘亚组中最有利用价值的种类。最近，中国科学院植物研究所著名植物学家洪德元院士在与作者交谈时，从保护生物学的角度反复强调紫斑牡丹是我国野生牡丹中急需优先进行保护的种类。实际上，对于包括紫斑牡丹在内的野生牡丹的保护，各地已经做了大量的工作，但从总体上并没有完全控制住野生资源急剧减少的趋势，尤其是随着我国花卉产业发展和对外开放的加深，一些单位或个人出于纯商业和经济目的的引种，以及原产地开展旅游、经济建设造成的负面影响，已成了威胁野生牡丹资源不可忽视的因素。在目前我国全面推进生态建设和西部开发的新形势下，我们必须走出被动保护的老路，从可持续发展和开发式保护的思路出发，采取强有力的措施和科学可行的方法，使这一得天独厚的种质资源能得到持续保护和深层次利用，发挥其在经济发展和科学研究中的重要作用。为此，我们建议：

第一，把野生牡丹保护列入国家保护计划，优先进行保护

目前国家林业局有关部门正在编制珍稀濒危动植物保护计划，野生牡丹不论是从重大科学价值还是从重要经济价值来说，都是我国生物多样性研究和保护的关键类群（陈灵芝 1993），同时牡丹还具有重大文化价值，是中国文化遗产的重要组成部分之一，保护牡丹实际上就是保护传统的中华文明（Osti 1999），因此，野生牡丹应该优先列入珍稀濒危物种保护计划。

第二，严禁野生采挖，鼓励生产栽培

造成野生牡丹资源枯竭的最直接原因之一是药用采挖，它是一些边远林区群众增加经济收入的一条途径，因而屡禁不止。因此原产地政府在制订严禁采挖野生措施的同时，有关部门和单位可通过宣传、示范和推广等形式，鼓励和指导当地居民掌握牡丹的栽培种植技术，

图 2-13　野生全缘叶紫斑牡丹开花异常（甘肃文县）（专性种子繁殖是紫斑牡丹的特征，但环境条件的改变使其在原生境中常不能正常开花、结实，成为致濒的原因之一。）

变野生采挖为有计划的生产种植，这样不仅可以有效防止对野生资源的进一步破坏，而且能够极大地增加农民收入，改善他们的生产和生活条件(Osti 1999)。其实，紫斑牡丹从野生变为栽培十分容易，栽培条件下生长及开花结实情况都明显优于野生环境（图 2-14、15）。

第三，建立就地保护和迁地保护中心，作为保护、观察、研究和技术开发的基地

就地保护中心要在核心野生分布区建立，最好与国家自然保护区建设相结合，如可在甘肃白水江自然保护区、陕西太白山自然保护区和湖北神龙架自然保护区分别建立野生紫斑牡丹保护区，通过禁挖禁采进行封育保护，使种群逐渐得到恢复。迁地保护中心要结合保护地的实际情况以及保护单位的性质、实力进行，如可在北京、洛阳和兰州等地建立，最好选择植物园、研究所和大专院校的实习基地，以便能够向广大研究者或爱好者开放，更好地发挥其社会效益。

图 2-14　湖北保康后坪镇栽培的当地野生全缘叶紫斑牡丹，株龄在 100 年以上，冠幅 4.65m，株高 2.55m，开花 218 朵（2004 年），结实正常，长势良好，开花生长表现优于当地的野生植株

第四，加强国际合作，多渠道筹措资金

由于牡丹作为原产我国的一种重要花卉，正在世界各国开始广泛流传，越来越受到人们喜爱，野生牡丹作为我国特有的种质资源，更引起了许多国际组织和个人的重视。1997 年，由英国皇家植物园（邱园）和英国皇家园艺协会(RHS)牵头，联合了法国、德国、意大利和丹麦等绝大多数欧洲国家的几乎所有的著名植物园或有关植物研究机构，签署了一份呼吁信，在意大利首都罗马递交给我国驻意大利使馆，呼吁我国政府采取措施保护野生牡丹；美国地理学会（the National Geographic Society, NGS）、日本学术振兴会（Japanese Society for the Promotion Science,JSPS）和国际树木学会（International Dendrology Society, IDS）先后在1996、1998和2003年专门资助中国科学院植物所洪德元院士和北京林业大学成仿云教授开展牡丹研究工作，无不表明国际社会对中国牡丹的重视。目前，美国、加拿大、英国、德国、法国、丹麦和澳大利亚等西方国家相继成立了牡丹芍药协会以及国际牡丹芍药种质网（Species Peony International Network, SPIN）等组织，活动都十分活跃，它们的重要目的之一是促进对野生牡丹和芍药资源的保护和利用，为开展国际合作创造了良好条件。

图 2-15　甘肃临洮引种栽培的裂叶紫斑牡丹，开花繁茂，长势增强，明显优于野生植株

第3章

紫斑牡丹品种(群)的形成和分类

通过对现有栽培品种及野生种的研究，结合历史文化分析，可以初步认为紫斑牡丹品种群即西北牡丹品种群，是由野生紫斑牡丹引种驯化形成了一些原始品种后，再由中原牡丹品种的种质介入而产生了一大批传统品种，最后又通过回交和中原牡丹种质的再次介入产生了出许多新品种。目前该品种群主要以中原牡丹的种质介入后产生的传统品种和现代品种为主，最初的原始品种因观赏性差而被淘汰，现存的少数原始品种也并不是品种开始演化初期就产生的，而是由栽种后代中实生苗返祖产生或野生植株重新引种驯化后形成。因此，与中原牡丹品种群一样，紫斑牡丹品种群总体上也是杂种起源即多元发生的，最主要和直接的种源是太白山紫斑牡丹即裂叶紫斑牡丹，而矮牡丹和杨山牡丹通过其栽培品种即中原牡丹间接地产生了影响（图3-1，图3-2）。

3.1 品种(群)的形成

3.1.1 原始品种形成

野生紫斑牡丹直接引种驯化、进行观赏栽培时，形成了最早的原始品种。它们的花较小，花型原始（单瓣），按我国喜爱花大瓣重的传统审美标准，这些品种的观赏价值并不高，因而当有更好的品种出现时它们便被淘汰，因而没有可能通过营养繁殖加以流传。现在偶见栽培的原始品种，最有可能是实生苗返祖的结果，或野生植株重新引种驯化后形成，其起源可能是在近代或现代，但其品种性状仍然处于原始演化状态。因此，原始品种从系统起源上讲，是指那些野生植株引种驯化后最早栽培的演化水平最低的品种，它们是后来紫斑牡丹品种群演化发展的基础；但从该品种群目前的品种组成上讲，原始品种也包括了实生苗中出现的观赏性状原始、品种演化水平较低的品种。

研究发现，紫斑牡丹大多数品种的叶形特征与裂叶紫斑牡丹十分相似。该亚种主要分布在陕西太白山、陕甘交界的子午岭以及甘肃天水等地，并可能沿西秦岭余脉及渭河流域向西曾经一直延伸到兴隆山、马啣山一带。这里正是古丝绸之路必经之地，历史上经济、文化都较为发达，直接引种栽培野生牡丹，并通过寺庙、道观的宗教活动或其它文化及商贸活动加以传播是完全可能的。如洪德元研究认为'Rock's Variety'就是从陕西太白山的寺庙由和尚们带到甘肃卓尼喇嘛寺的（洪德元 1998），我们从该品种有时花有粉色、花丝基部紫红等栽培特征，以及甘肃天水一带既有野生紫斑牡丹分布，又是紫斑牡丹品种群原始起源中心之一分析，认为它从这里传入卓尼的可能性更大。近年来在裂叶紫斑牡丹内发现了粉色（图2-7右）和粉红色（图2-8左上）的野生类型，并报道有花盘和花丝变红的情况（定光凯等 2002），

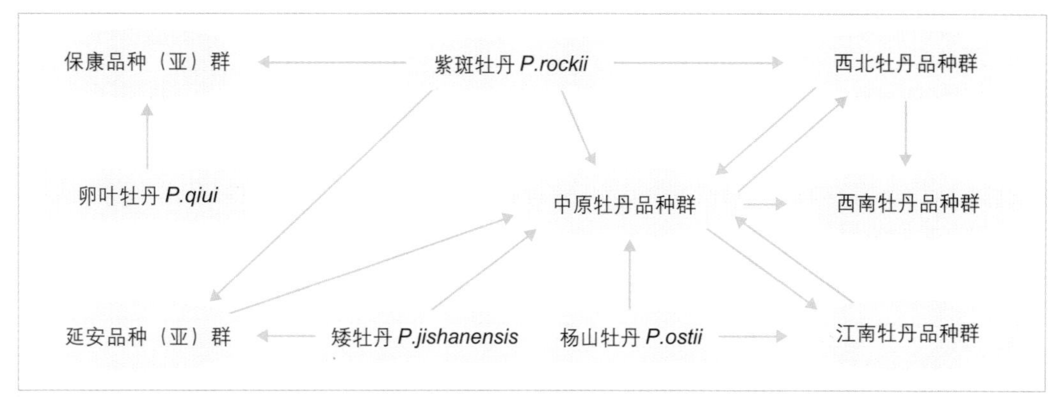

图 3-1　西北牡丹品种群与其它中国牡丹品种群及其野生种的关系

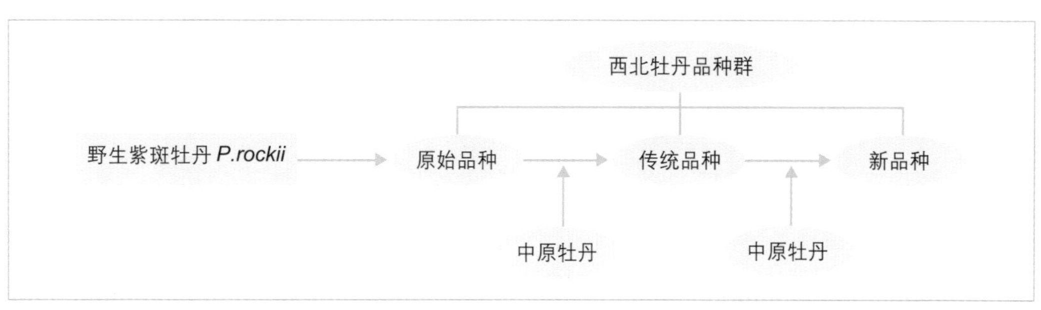

图3-2　西北牡丹品种群起源及其品种组成

进一步增加了它作为直接种源在栽培条件下形成不同花色品种的可靠性。

从形态和地理分布特征分析，全缘叶紫斑牡丹很可能没有参与西北紫斑牡丹品种的形成。因为它的小叶窄长，边缘多不裂和数量众多等特征与现有栽培品种明显不同，同时它主要分布在甘肃南部的甘、川、陕 3 省交界地区，这里地域偏僻，交通不便，在古代经济文化发展水平很低，至今还没有观赏栽培牡丹的习惯，当时就更不大可能产生品种的栽培和文化基础。至于分布在河南、湖北的该亚种与甘肃相距遥远，参与西北品种形成的可能性极小，但它们却可能就是中原牡丹中紫斑牡丹血统的来源，这是一个需要进一步研究的问题。据李嘉珏 1988 和 1998 年先后在甘肃康县、文县一带和湖北保康及神龙架一带考察，发现有一定数量的全缘叶紫斑牡丹形成的品种存在，但它们都较为原始，观赏价值不高。因此，全缘叶紫斑牡丹没有对紫斑牡丹品种群产生明显的影响，主要是由于外在条件不具备，没有把这一优良种质在育种中的潜力发挥出来。

紫斑牡丹在品种形成之初，以长安（今西安）为中心的中国牡丹及牡丹文化已发展到很高的水平。从甘肃天水至兰州一带是古丝绸之路的必经之地，经济文化较为发达，不可能不受长安的影响，而且普遍有野生紫斑牡丹分布，具备进行牡丹观赏栽培的各种主客观条件。但是，由于没有像长安那样在政治、经济和文化方面的强势，不可能把周围各地的牡丹收集和种植在一起，形成一个类似唐之长安、宋之洛阳那样的集中栽培与观赏中心，而是在甘肃境内从天水至兰州之间丝绸之路经过的渭河流域以及洮河和大夏河流域所在的广大地区，形成了一个紫斑牡丹品种起源的泛原始中心。这也从另一侧面说明和解释了紫斑牡丹栽培分布十分广泛但发展却滞后于中原牡丹的客观历史原因。

3.1.2 传统品种的形成

从前述零星的各种证据分析，紫斑牡丹至少在唐朝进入观赏栽培并可能形成一些原始品种，宋（金）时期在兰州及临夏等地初步形成一定栽培规模。于是，有好事者不满足于当地的品种，通过商贾和官吏从内地带入了观赏价值较高的中原品种在当地栽培。中原品种由于不能适应甘肃中部干旱、寒冷气候而被淘汰，但它们与当地品种杂交的后代不仅适合当地气候，而且极大地改良了当地品种。于是通过反复杂交选育，花色品种不断增多，经过明、清两代的长期发展，终于形成了一个独具特色的品种群，并相对集中在临夏和临洮一带，形成了一个栽培分布中心。这些品种有的已经失佚，有的则被保留至今，其中有些还冠以中原品种之名，从形态性状上看，它们应该是当地品种与中原品种杂交的后代。我们把这些已经有一定中原品种的基因渗入、形成年代不清的老品种特称之为传统品种，以便与近年选育出的新品种相区别。传统品种除临夏及临洮等地外，还零星分布于甘肃其它地方以及宁夏、青海的一些地方。

图3-3 位于兰州近郊的榆中和平牡丹园，由陈德忠于1968年开始创建，通过天然授粉选育出大批紫斑牡丹新品种，吸引了国内外许多牡丹花卉园艺专家。图为荷兰花卉专家在首批新品种前留影(1995年)

3.1.3 新品种培育

在20世纪80年代以后，紫斑牡丹作为一个独立的种和品种群逐渐被发现和确立，同时进行了大量的杂交育种工作，选育并命名了一大批新品种。其中规模最大的是陈德忠的兰州和平牡丹园（图3-3），该园于1968年开始收集当地紫斑牡丹传统品种，通过天然授粉选育新品种；1982年又从菏泽引入中原品种60余个，与当地紫斑牡丹品种进行了大规模的不定向人工混合杂交，把中原牡丹的种质引入紫斑牡丹中，进一步丰富了后者的遗传多样性，选育出了一大批新品种（成仿云，陈德忠 1998），但可惜只有其中少数品种近年来才被小批量繁殖。中原牡丹种质渗入紫斑牡丹，不仅是新品种大量产生的直接原因，也是新品种有别于传统品种的重要标志。这些新品种除了每个花瓣基部都有色斑等紫斑牡丹的典型特征外，有些在叶形及花部构造上也表现出部分类似矮牡丹和杨山牡丹的特征，反映了它们通过中原品种对紫斑牡丹产生的间接影响。在新品种选育和命名过程中，受时代思潮的影响，突破了传统的高度重视花朵重瓣性的观念，使一大批更能突出紫斑牡丹特色和观赏价值的单瓣品种入选。另外，在临夏和临洮等地，也有人规模不等地利用传统品种天然杂交的种子，不断从实生苗中选育新品种，临洮县西十里铺苗圃的边宇民先生便是其中的佼佼者，他已选育出了许多非常优良的新品种。甘肃奥凯牡丹园林有限公司近年也大量进行紫斑牡丹新品种的杂交选育工作，初步选育和繁殖了一批非常有特色的新品种。

3.2 品种的分类

3.2.1 品种分类的方法

生产栽培离不开品种，自然也就离不开对品种的识别、描述、记载和鉴赏，这些工作的重要基础便是品种分类。因此，牡丹的品种分类从历史上第一部牡丹专著，宋朝欧阳修《洛阳牡丹记》就已经开始了，经过历代如周师厚《洛阳牡丹记》、陆游《天彭牡丹谱》、余鹏年《曹州牡丹谱》和计楠《牡丹谱》等的发展，尤其是近代对花型演进规律和品种群起源等问题研究的深入，相继提出并建立了不同的品种分类系统（周家琪 1962；喻衡 1980；王莲英等 1997；李嘉珏等 1999）。然而，品种在不断推陈出新，科学研究也在不断深入，由于培育品种的目的在于应用，品种分类的目的就是要指导和有利于应用，这也就决定了园艺品种分类不同于植物学分类，一定要在突出其实践应用价值的同时，注重品种间起源、演化和形成的关系，才能做到实用性与科学性兼筹并顾。

在紫斑牡丹中，著者根据在新品种选育过程中对花色变化、花型演化以及品种形成等问题的长期观察和研究，提出了一个由“色”（花色）、“类”（重瓣性）、“型”（花型）、“组”（性状相似性）和“名”（品种名称）共5个等级组成的分类方法，其最大的特点是把花色和花型这两个最能反映品种特点的性状融为一体，并把花色作为比花型更直接的分类标准处理（成仿云，陈德忠 1998）。该分类方法在实际使用时，发现可进一步省去“类”和“组”两个等级，因为牡丹品种演化的过程实际上是以重瓣化为基础的花型演化过程，重瓣性代表着品种的演化水平，重瓣化的结果就形成了不同的花型，所以花型实际上就反映着品种的重瓣化水平。而以形态相似性划分品种组，能够反映同组内品种在种源上的相似性，在进行杂交育种和研究品种起源及其相互关系时比较重要，但是对单个品种来说，这些特征实际上就是品种要描述的内容，已包含在品种名称之中，故而可以省之。因此，我们将原紫斑牡丹5级分类方案（成仿云，陈德忠 1998）予以修订，省去“类”和“组”的等级，保留“色”、“型”和“名”3级；在花型中恢复菊花型，去掉台阁型，并明确指出以往以花朵局部发育特征建立的所谓台阁型、金环型和金心型不能作为花型对待；同时指出除单瓣型之外，各种花型都是以雄蕊瓣化为主演化的（见本章下述内容）。从而在本书中形成了一个新的紫斑牡丹品种分类的方法体系，使原分类方案“色型兼备、科学实用”的特点得到进一步发扬。

3.2.1.1　花色的划分

在新的紫斑牡丹3级分类法中，我们仍然把花色作为紫斑牡丹品种分类的第一等级，按习惯分为白、粉、红、紫、黑、蓝、黄和复色，其中黑色指深紫色或墨紫色，黄色指淡黄色或浅黄色，蓝指粉蓝色或粉紫蓝色，复色是指两种或两种以上的颜色相混杂、或在同一花瓣上或不同花瓣中相间存在，白、粉、红和紫各是指一类色彩，其中存在的各种差异可用修饰词加以描述。之所以突出花色在品种分类中的重要性，首先是因为它是牡丹最突出、最易判断的识别和观赏特征,不论是经验丰富的专家和园艺师，还是普通观赏者，总是先从颜色开始识别和欣赏牡丹，这是由人的认识规律决定的。其次是发现紫斑牡丹的实生苗一旦开花，花色便不再变化，但花型往往很不稳定，同样在正常栽培条件下，同一植株(品种)常有多种花型并存的现象，当环境条件(水、肥等)变化时，对花型形成的影响十分明显，而花色不会有本质变化。

由于国际学术界对于花色尚无一个公认的标准，再加上还会受环境和观察者的主观影响以及花色变化的复杂性，因此对花色描述的规范化是一个任重道远的研究课题。在目前情况下，利用形容词修饰性描述，再配以写真彩照或实物观赏，便可让观者能够比较准确地了解品种的花色。

3.2.1.2　花型的划分

花型可作为紫斑牡丹品种分类的第二等级，是准确反映品种特点和观赏价值的重要特征。它是品种开花时花朵整体形态特征的综合体现，从单瓣、半重瓣到重瓣反映了花瓣不断增多和随之发生的外观形态变化。所以，花瓣数目多少及其排列不同就构成了不同的花型，奠定了品种形成和品种观赏性提高的基础。紫斑牡丹的花型可划分出7种，具体描述标准为：

①单瓣型：花瓣1～2轮，雌、雄蕊正常，少见雄蕊极度减少或退化。

②荷花型：花瓣3～5轮，雌、雄蕊正常，少见雄蕊少量瓣化或减少、退化。

③菊花型：花瓣6～8轮，自外向内逐渐变小；雄蕊正常，数量减少或有部分瓣化；心皮正常，少有瓣化或退化。

④蔷薇型：花瓣9轮以上至极度增多，自外向内层层排列并逐渐变小，瓣间常残存花药；雄蕊减少或在花心处残留并夹杂少量细小的瓣化瓣，偶有增多但常不育；心皮正常，或退化

变小、数量增多、瓣化。

⑤托桂型：外瓣正常，内瓣由雄蕊瓣化形成，或狭长直立，或卷曲结绣，与外瓣明显不同。雄蕊从完全瓣化到程度不同的瓣化均有，并常残存正常花药。

⑥皇冠型：外瓣宽大平展，内瓣由雄蕊离心瓣化形成，从里向外逐渐变小，可区分为花部中央宽大的“心瓣”和接近外瓣处短小的“腰瓣”。整个花朵高耸，形似皇冠。

⑦绣球型：雄蕊瓣化形成的内瓣充分发育，其形态、大小与外瓣相似，整个花朵丰满圆润，形似绣球。

3.2.1.3 品种名称及描述

品种名称是品种分类的最低等级和基本单元，代表着具有生产应用价值和理论研究价值的具体植株，是所有信息的总汇，其内容要以品种名称第一次合法发表时的描述为准（具体见第8章、第9章有关内容）。按“色”、“型”和“名”3级分类法，把紫斑牡丹品种总结见表3-1。

3.2.2 与品种分类有关问题的说明

3.2.2.1 关于色型兼备的问题

花色和花型是最能够体现牡丹品种特征的两个方面，把二者结合起来分类描述牡丹的思想，最早从宋朝欧阳修《洛阳牡丹记》开始，一直被除明朝薛凤翔《牡丹史》之外的绝大多数牡丹

表3-1 紫斑牡丹品种分类一览表

花色 花型	白色	粉色	红色	紫色	黑色	蓝色	黄色	复色
单瓣型	‘白鹤亮翅’ ‘和平莲’ ‘书生捧墨’ ‘熊猫’ ‘雪海冰心’ ‘雪海丹心’ ‘玉凤点头’ ‘约瑟石’ ‘紫叶莲’	‘宝莲灯’ ‘粉荷’ ‘粉金玉’ ‘粉霞迎日’ ‘光芒四射’ ‘太白醉酒’ ‘西施醉酒’ ‘新星’	‘关公红’ ‘河州红’ ‘红灯照’ ‘红海丹心’ ‘红杨妃’ ‘橘园春’ ‘龙首红’	‘冰心紫’ ‘五点梅’ ‘紫砚’	‘黑旋风’ ‘黑元帅’ ‘龙首黑’ ‘夜光杯’	‘蓝凤展翅’ ‘蓝海旭日’ ‘蓝荷’ ‘蓝墨双辉’	‘黄河’	‘灰蝶’ ‘日月同辉’
荷花型	‘白碧蓝瑕’ ‘白荷映日’ ‘玉容冰心’	‘红光满面’ ‘娇容’ ‘金叶粉’ ‘巨粉三变’ ‘昙花粉’	‘奥运圣火’ ‘大红袍’ ‘佛光红’ ‘红莲’ ‘墨筒系金’	‘母爱’ ‘紫蝶迎风’	‘古城相会’ ‘黑凤蝶’			‘大漠风云’ ‘灰鹤’
菊花型	‘大瓣白’ ‘雪中送炭’	‘粉面桃腮’ ‘粉玉’ ‘桃花春’	‘软把杨妃’ ‘洮阳狮子’ ‘硬把杨妃’	‘大瓣焦红’ ‘凤项’ ‘西瓜瓤’ ‘油朱砂’ ‘紫袍晨霜’ ‘紫云仙’ （‘紫容鲜’）	‘黑天鹅’			‘太士黄’
蔷薇型	‘白贵妃’ ‘白雪公主’ ‘仙鹤毛’ ‘小雪’	‘嫦娥奔月’ ‘观音面’ ‘美人面’ （‘粉娥娇’）	‘金花状元’ ‘丽春’	‘玫瑰洒金’		‘宝石蓝’ ‘小藕’	‘黄云’	‘金城红’ ‘金城朝霞’ ‘祁连朝辉’
托桂型	‘百鸟朝凤’ ‘金心狮子’ ‘菊花白’ ‘一捧雪’ ‘玉狮子’	‘菊花粉’	‘红海银波’ ‘红海银岛’ ‘菊花红’ ‘胭脂红’	‘紫海银波’	‘墨海银波’ ‘夜皇后’	‘蓝海浪’	‘黄忠’	‘烽火台’ ‘红海风云’ ‘狮子王’

（续）

花型＼花色	白色	粉色	红色	紫色	黑色	蓝色	黄色	复色
皇冠型	‘白塔春晓’ ‘白玉楼’ ‘北国风光’ ‘象牙白’ ‘雪里藏金’ ‘雪山金顶’ ‘银百合’	‘白醉妃’ ‘粉皇冠’ ‘粉楼插翠’ ‘粉玉三台’ ‘河州粉’ ‘红线女’ ‘牧羊女’ ‘神女’ ‘素粉绫’ ‘晚霞’ ‘小侠’ ‘玉兔天仙’ ‘昭君飞晕’ ‘醉桃’	‘诚心’ ‘蝶恋花’ ‘红冠玉带’ ‘红冠玉簪’ ‘红冠玉珠’ ‘红楼藏娇’ ‘红楼惊梦’ ‘红玫点金’ ‘花红绣球’ ‘金花绣球’ ‘金玉满山’ ‘理想’ ‘平顶魁’ ‘青春’ ‘三学士’ ‘万金富贵’ ‘希望红’ ‘新妆’ ‘瑶台春艳’ ‘腰系金’ （‘锦带围’）	‘安宁紫’ ‘插花状元’ ‘葛巾’ ‘红宝石’ ‘玫瑰红’ ‘玫瑰千叶红’ ‘宁园红’ ‘艳春’ ‘紫冠玉珠’ ‘紫金冠’ ‘紫楼闪金’ ‘紫楼镶翠’ ‘紫气东升’ ‘紫朱砂’ ‘紫绣球’		‘大藕’ ‘大青粉’ ‘九子珍珠红’ ‘蓝冠玉带’ ‘蓝冠玉珠’ ‘蓝玉三台’ ‘临洮玛瑙盘’ ‘临夏玛瑙盘’ ‘银灰缇’ ‘紫燕飞霜’	‘佛头青’ ‘皇冠’ ‘黄玉’ ‘祥云’	‘和平二乔’ ‘金城女郎’ ‘锦绣三台’ ‘霞光万里’
绣球型	‘冰山翡翠’ ‘凤雏’ ‘绿蝴蝶’ ‘青心白’ ‘玉瓣绣球’ ‘玉壶冰心’	‘粉西施’ ‘金城晚霞’ ‘桃花三转’ （‘三转’） ‘洮阳粉’ ‘天山侠女’	‘睡芙蓉’ ‘桃红绣球’ ‘绣球红’ ‘醉姻脂’ ‘醉杨妃’			‘和平蓝’ ‘蓝绣球’ ‘雪青绣球’		‘粉妆楼’ ‘陇原壮士’

谱录沿袭和继承了下来，近代对花型划分及其花型演进规律的研究成就，使有关内容得到了进一步充实、完善和科学化。目前，世界各国几乎所有的牡丹、芍药苗圃在宣传和销售产品时，都使用了以花色为主、花型为辅的方法描述品种，本书花色、花型和花名3级分类法实际上就是对它们的归纳与总结。

3.2.2.2 *雄蕊瓣化与花型形成*

野生牡丹为单瓣花，也正是在原始单瓣花型的基础上，通过花瓣增加形成了半重瓣和重瓣花，从而使栽培品种不断丰富，所以重瓣化的过程实际上就是品种演化的过程。许多研究和报道指出牡丹和芍药中花瓣增加主要是通过花瓣自然增加和雄蕊瓣化两种方式，分别形成了“千层类”和“楼子类”两类花型（周家琪 1962；王莲英 1986；王莲英等 1997；李嘉珏 1989；李嘉珏等 1989），同时也有研究表明通过花瓣自然增加对花型演化的贡献是有限的，雄蕊向心瓣化和离心瓣化分别导致了“千层类”和“楼子类”花的形成（王宗正等 1991）。紫斑牡丹的雄蕊瓣化在瓣化方向、数量和方式等方面都是一个十分复杂的现象，有许多需要深入观察研究的问题，但基本上可归纳为离心、向心和不规则3种基本的瓣化方式，大多数高度重瓣的皇冠型、绣球型和部分半重瓣的蔷薇型品种常常是雄蕊离心瓣化形成的；向心瓣化主要形成了半重瓣的菊花型和蔷薇型的品种；不规则瓣化可在托桂型、菊花型和蔷薇型品种中发生；荷花型品种一部分由雄蕊瓣化形成，一部分由花瓣自然增加形成。花瓣自然增加仅在部分荷花型品种和少数菊花型品种中存在，雄蕊瓣化是除单瓣型以外的其它花型品种形成的主要直接原因。另外，除了有时雄蕊中花药数量大量增加外，在紫斑牡丹一些单瓣型、荷花型或托桂型品种中，常见花药数目或极度减少、或退化消化、或仅残留针状物的现象。

图 3-5　紫斑牡丹雄蕊向心瓣化（金心菊花型）

图 3-4　紫斑牡丹的台阁现象：下位花花瓣去除，保留上位花，注意花盘上残存房衣（箭头）（左：'插花状元'；右：'玉壶冰心'）

3.2.2.3 花型的不稳定性

在半重瓣和重瓣花中，由于受内外因素尤其是栽培环境的影响，同一品种在不同年份和不同栽培条件下，其花型不稳定，经常表现出多种花型并存。这种一花多型的现象，不仅普遍存在于紫斑牡丹中，如'金花状元'、'粉娥娇'等，也在中原牡丹如'姚黄'等许多品种中常见。因此，本书采用某一品种中出现频率最高而不是演化水平最高的花型作为它的主要花型，对其进行描述和分类，对同时出现的其它花型要认真记载，作为品种的重要特征之一对待。

3.2.2.4 台阁现象及其它

台阁是指由两朵或更多单花重叠形成同一朵花的现象，近年来研究发现它在牡丹、芍药的各种花型中都可能普遍发生。在一朵台阁花中，下位花充分发育，成为花型的主体，上位花退化或不发达（图 3-4），实践中通过辨认瓣化雌蕊（俗称"彩瓣"）可以识别。然而，尽管台阁现象在除单瓣型外的其它花型中都可能出现，但并不是所有的台阁化都能形成容易识别的"彩瓣"，对花朵的观赏产生影响，而有时仅表现为有残存或退化的心皮、花盘存在，需仔细观察甚至通过解剖才能看清，对花朵的实际观赏效果没有影响。台阁化是一种发育现象，在其它许多植物中也存在。牡丹、芍药的台阁花是由于单花心皮不断分化且异形化发育的结果（廉永善等 2003），它反映了花朵的起源和本质，但并未引起花朵外部形态即花型的根本性改变，因此作为品种的特性之一应予明确反映或描述，无须建立专门花型。同样，雄蕊离心瓣化、在内外瓣间有1圈正常花药的所谓"金环型"，以及雄蕊向心瓣化、在花冠中心仍有大量正常花药的所谓"金心型"（图 3-5）也都不能作为专门的花型，仅仅是品种的一个特征。因此，要突出品种"台阁"、"金环"或"金心"的特征，可在其花型之前加修饰词加以解决。

第 4 章

紫斑牡丹的生物学特性

野生紫斑牡丹与其它牡丹原种一样属于典型的温带起源的植物,其分布横跨甘肃、陕西、河南、湖北4省,从黄土高原、秦巴山地到神农架林区,表现出较为广泛的生态适应性，不仅耐寒性、耐旱性较强，而且也有较好的耐湿热性，并且在一定程度上反映到栽培品种中，形成了喜阳也耐半荫、喜微酸也耐微碱土壤的特点（见第 2 章）。

4.1 生态生物学特性

栽培紫斑牡丹的生态习性与中原牡丹一样 “性宜寒畏暑、喜燥恶湿”，但从栽培分布地气候特点上讲，属于冷凉干燥生态型，对低温及干旱适应范围较广，耐寒性和耐旱性均超过了属温暖干燥生态型的中原牡丹（王莲英 1997；李嘉珏 1999）。紫斑牡丹集中栽培区海拔较高，一般为 1 100～2 500m，最高可达 2 900m（如甘肃甘南藏族自治州合作市）。随着海拔升高，各项温度指标会下降（表 4-1）。在年平均气温 5～12℃，极端最低气温 -29.6℃（临洮）或更低，≥ 10℃积温 1 584.2～ 3 824.8℃ 的范围内，紫斑牡丹均能正常露地生长，可见其对温度适应幅度很大，不过大多数品种和花色还是集中在兰州、临洮、陇西和临夏等海拔 1 400～2 100m 的地区，在海拔较高、积温较低的东乡族自治县、岷县和夏河县等地，仅有少数半重瓣品种栽培，并多宜在避风向阳处生长。

紫斑牡丹具有很强的耐旱性，尤其是耐空气干燥的能力极强（表 4-1）。集中栽培区跨半

表 4-1 紫斑牡丹主产地主要气象因子

地点	海拔(m)	年平均气温（℃）	极端最低气温(℃)	≥ 10℃积温(℃)	年平均降水量(mm)	年平均蒸发量 (mm)	年平均相对湿度(%)	年平均日照时数(h)
天水	1 131.7	10.7	−19.2	3 359.5	531.0	1 290.5	68	2 032.1
武山	1 495.0	9.6	−17.5	3 084.6	480.6	1 657.7	66	2 177.3
陇西	1 727.8	7.7	−22.9	2 585.4	445.8	1 440.7	68	2 292.0
临洮	1 886.6	7.0	−29.6	2 415.8	565.2	1 259.3	67	2 437.9
临夏	1 917.0	6.8	−27.8	2 328.5	501.7	1 298.9	66	2 567.8
东乡	2 428.6	5.0	−23.0	1 584.2	544.6	1 421.2	63	2 524.8
和政	2 136.4	5.1	−25.7	1 810.9	628.1	1 374.8	71	2 504.9
兰州	1 517.2	9.1	−21.7	3 242.0	327.7	1 437.7	59	2 607.6
榆中	1 874.1	6.6	−27.2	2 370.9	406.7	1 406.8	62	2 665.9

湿润、半干旱地区，年降水量仅在300～600mm之间，年蒸发量远远大于降水量，空气湿度低。紫斑牡丹也表现出喜光也稍耐荫的特点。分布区年平均日照时数一般都在2 000h以上，有些品种能在海拔高、积温低、无霜期短的地方正常生长，与这些地方光照充足、昼夜温差大、有利于光合产物积累有密切关系。紫斑牡丹对土壤的适应幅度较大，从偏酸到微碱(pH值6.5～8.2)、瘠薄到肥沃的土壤中都可以正常生长。由于集中分布区为黄土性冲积或黄土母质发育的灰钙土、黑垆土、灰褐土等，pH值明显偏碱性（8.0～8.9），土层深厚但肥力不足，长年累月便形成了紫斑牡丹耐盐碱、抗瘠薄的特性，从而在土壤条件较差的地区推广应用前景广阔。当然，作为一种深根性肉质根系的植物，紫斑牡丹与中原牡丹一样喜肥忌水，喜微酸性土壤，在水肥充足、土壤疏松和通气良好的栽培条件下生长更好。

4.2 生长发育特点

4.2.1 生命周期及其世代更替

紫斑牡丹的生命周期是指从种子萌发形成幼苗，生长发育到一定年龄时开始开花结实，然后经过一定年限后逐渐衰老、最后死亡的整个过程，实际上就是植株的整个生活史和进行世代更新的规律（图4-1）。紫斑牡丹一个生命周期的长短，即寿命与栽培环境有很大的关系，一般为30～60年，但在水、肥及其它生长条件较好的环境中栽培，常常可以达到100年以上，因此总的来讲它是一种长寿花木。

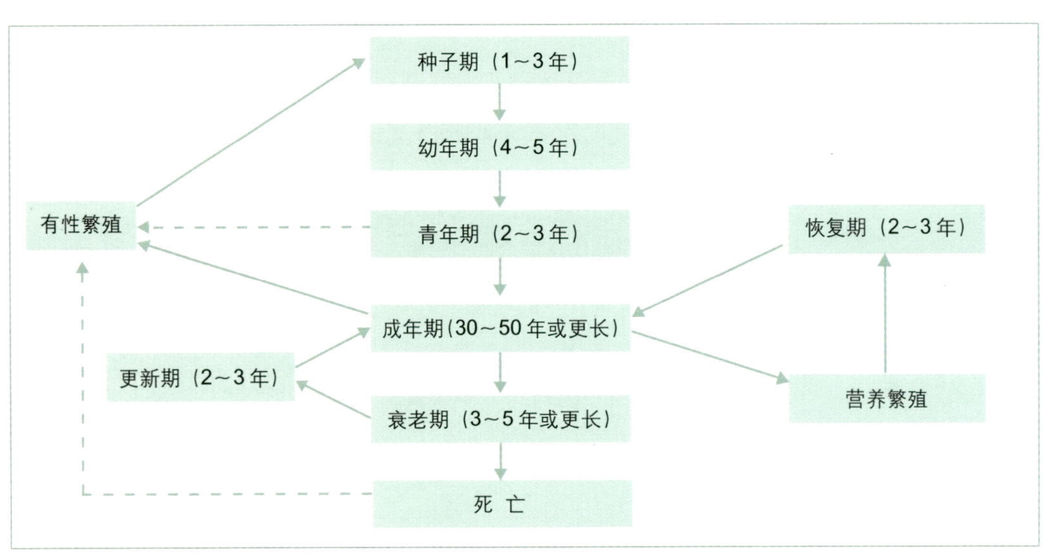

图4-1 栽培紫斑牡丹的生命周期及其世代更新

4.2.1.1 种子期

包括了种子形成阶段（胚胎发育形成种子的过程）、种子休眠阶段（成熟种子脱离母体）和种子萌发阶段（种子休眠被解除，胚根、胚芽相继萌发）。胚胎阶段约持续4个月（成仿云 1996）；休眠阶段因种子成熟后是否能及时得到处理或适宜条件打破休眠而有很大变化，为1～2个月到3年；种子萌发阶段如果胚根萌发后胚芽休眠能及时解除，则需4个月左右（秋末胚根萌发生长，翌年春初胚芽萌发）。这样，紫斑牡丹的种子期因外界栽培繁殖条件不同而在1～3年间变动，同时种子的活力也随时间延长而逐渐降低，3年后仍不萌发的种子便会完全失活。

4.2.1.2 幼年期

指从胚芽萌发形成完整幼苗开始，到植株开始开花为止，一般需4～5年。这一时期主要是营养生长，前1～2年生长较为缓慢，3年以后生长速度加快，到开花时植株一般可达40～60cm高，由3～8个近1cm粗的枝条组成。

4.2.1.3 青年期

指从开始开花到各种性状充分表现，并逐渐发展稳定的时期，又称逐渐成熟期。紫斑牡丹实生苗第1年开花时，绝大多数为单瓣花，到第2年之后逐渐开始出现半重瓣或重瓣花，但由于雄蕊瓣化尚不稳定，直到第3年开花以后花型才能基本定型。在开花的前1～3年中，花色也处于变化之中，从不稳定逐渐趋于稳定。这一时期植株营养生长和生殖生长都十分旺盛，植株迅速增高、冠幅增大，分蘖和分枝能力显现，株型逐渐定型。因此，青年期是各种遗传本质充分表达、植株逐渐成熟的时期。

4.2.1.4 成年期

指青年期结束到开花结实衰退前的一个漫长阶段，植株生长旺盛，开花繁茂，是紫斑牡丹的主要观赏期。成熟期长短及紫斑牡丹的寿命与栽培条件有直接关系，栽培条件好，成熟期长，植株寿命就长。据我们多年调查，在一般栽培环境中，40～60年生的紫斑牡丹植株常常会开始衰老、更新，但在良好栽培或管理条件下，60年生以上甚至百年左右的植株照样枝繁叶茂，年年繁花似锦。在临洮、临夏的农家院落，经常能见到50～60年生甚至更老的大牡丹树，他们多是父辈栽种，晚辈观赏、受益。因此，紫斑牡丹寿命长是其重要的特征之一，其成年期可初步确定为30～50年。

4.2.1.5 衰老期

指植株开始衰退并逐渐死亡的时期。植株的生长势减弱，部分枝条开始枯死，开花量减少，花径变小、花朵变单（花瓣减少，雄蕊瓣化不完全），结实率明显下降，最后植株枯死，结束其生命周期。衰老过程与栽培条件有很大关系，良好的栽培条件可以推迟和减缓但是无法阻止衰老。一般从进入衰老期部分枝条开始枯死，到全部枝条枯死要经过3～5年的时间。

4.2.1.6 更新期

指植株在老枝衰老死亡的同时，又产生新枝恢复生机的时期。在植株衰老、地上枝条枯死的同时，往往在根颈部位的隐芽会萌动，产生新的萌蘖枝，从而使株丛得以更新。只有少数情况下，在枝条枯死的同时，地下根系也死亡，导致植株完全死亡。

更新期稍晚于衰老期，但从表征上看，二者往往几乎是同步进行的。在原植株开始衰老时，基部新枝也开始形成，表现出新老交替的各种特征。当老枝全部死亡时，新枝已形成一个新的株丛，有些甚至已经开始开花。更新枝一般生长2～3年即能正常开花，并充分表现出原株的特点，也就是说它们直接进入了成年期。对于更新世代生存的时间以及可更新的世代数尚无进一步的观察，但是可以肯定，这种世代更新的现象是紫斑牡丹原种自然繁殖特性的反映（成仿云等 1997）。

上述紫斑牡丹的生命周期，实际上是其自然属性的客观反映。人们常常通过繁殖、移植等手段，对其生命周期中的某些阶段施以人为影响，以达到商品生产或栽培应用的目的。例如，以分株、嫁接为主的营养繁殖一直是牡丹商品种苗扩繁的主要方式，分株苗和嫁接苗要经过2～3年的恢复生长后，才能完全建立自己旺盛生长的机制，充分反映出品种的特性。因此，商品种苗生产实际上就是人为地使成年期不断循环和延续的过程。在园林应用中，当植株开始衰老时，亦可通过将移植、分栽与去枝或平茬等手段相结合，人为地使树势得以恢复。

4.2.2 年周期及生长发育特性

4.2.2.1 年周期的基本特点

年周期是指一年四季随着气候节律的变化而表现出的生长发育规律。紫斑牡丹与其它温

图4-2　紫斑牡丹休眠期枝条（A：正常枝，B：徒长枝），以及芽的类型（1.混合花芽，即活动芽；2.叶芽，即不活动芽）

带花木一样通过生长期与休眠期交替的年周期，年复一年，构成了整个生活史（生命周期）。紫斑牡丹的年周期与中原牡丹一样，也是春发芽、夏打盹、秋长根、冬休眠，但是由于产地海拔高、气温低、无霜期短，它的生长期要比中原牡丹稍短，休眠期相对延长。如中原牡丹在黄河中下游地区，大体于2月中旬到3月上旬开始萌动，3月下旬到4月上旬展叶，4月中旬到5月上旬开花，10月下旬到11月中旬枯叶；而紫斑牡丹在甘肃各地一般3月下旬到4月上旬萌动，4月底到6月初开花，10月中旬到11月上旬枯叶，其生长期明显较短。

4.2.2.2 芽的类型及其分化发育特征

紫斑牡丹的芽外面包裹着数枚芽鳞片，属于鳞芽；从性质上讲有叶芽和混合芽两种类型，前者生长只形成枝叶，后者在枝叶形成的同时产生花。在成年植株上，几乎所有枝条顶端1～3个芽，包括顶芽和下方的腋芽，正常情况下一般都在当年发育为混合芽，经过冬季休眠后，次年能够开花（图4-2）；只有个别徒长枝和萌蘖枝上的芽为叶芽，只长枝而无花芽形成。除了上述活动芽外，1年生枝条基部的数枚腋芽、多年生枝上的芽和根颈部位形成的大量萌蘖芽都处于休眠状态，都属于不活动的叶芽，称休眠芽（图4-2）。紫斑牡丹混合芽从芽原基发生到最后开花结实的整个过程与中原牡丹一样，需要经过3个年周期才能完成。第1个年周期产生腋芽原基，第2个年周期产生叶原基和花原基，第3个年周期开花结实（表4-2）（王宗正等 1987）。在年生长周期中，初春花芽萌发生长、开花的过程实际是母代混合芽的第3个年周期；而在花期过后花芽分化形成的过程已是芽发育的第2个年周期，同时也在叶腋中产生了新的芽原基，孕育和完成了下

表4-2　牡丹混合芽的生命周期表（王宗正等 1987）

混合芽世代	混合芽的年周期				
	第1个年周期	第2个年周期	第3个年周期	第4个年周期	第5，6……个年周期
母代混合芽	产生叶原基及花原基	开花结实			
子一代混合芽	腋芽原基产生	产生叶原基及花原基	开花结实		
子二代混合芽		腋芽原基产生	产生叶原基及花原基	开花结实	
子三代混合芽			腋芽原基产生	产生叶原基及花原基	……
子四代混合芽				腋芽原基产生	……
……					

一代芽的第 1 个年周期。可见，在牡丹的 1 个年周期内，实际上是 3 个世代的芽处于各自生命周期的不同年周期阶段，其中处于第 2 个年周期中的芽是能否最终形成花芽的关键，当体内营养物质积累和成花激素适宜时，完成从营养生长向生殖生长的转变，形成混合芽。

叶原基完全形成是牡丹芽从营养生长转向生殖生长的临界点，也就是能否分化花芽的临界点（王宗正等 1987）。进入花芽阶段的芽的发育，包括了夏、秋季花芽分化（第 2 个年周期）和春季花发育（第3个年周期）两个相互联系又相互独立的阶段。紫斑牡丹在开花后1个月左右，即 6 月中上旬起开始花芽分化，先后在腋芽原基的基础上依次产生花原基、苞片原基、萼片原基、花瓣原基、雄蕊原基和雌蕊原基，最后在 10 月份以后逐渐进入休眠期。品种不同，尤其是花型不同，花芽分化的进程也会有一定差异，一般单瓣及半重瓣类型的品种花芽分化比较快，而重瓣型品种持续时间较长，但都能在当年完成花器官的发生，顺利进入休眠状态。因此，当年秋季花芽分化就已完成了花芽的形态建成，在经历了冬季低温休眠后，于翌春才进一步发育，在各种花器官原基生长、发育、开花的同时，枝叶随之生长。在成花的过程中，雄蕊瓣化是一个十分复杂的过程，它对最后花型的形成有直接影响。紫斑牡丹的雄蕊原基是离心发生的，但雄蕊瓣化在不同的品种中可以是离心、向心或不规则的，其中离心瓣化品种较多，最后形成的花型也较易确认。

4.2.2.3 枝和叶的生长

紫斑牡丹成年植株上的活动芽，一般都是混合芽，萌动后枝叶同放，同步生长，保证了花蕾的正常发育和开花。

叶片最初小而拳卷，到花蕾发育进入风铃期才完全伸展开，随之叶面积迅速增大，形态结构和生理机能到开花结束时达到最佳状态，于是进行旺盛的光合作用，直到种子成熟、花芽分化完成和枝条次生生长停止，叶片逐渐枯萎。因此，叶片在开花前主要以自身的生长发育为主，常常还与花蕾竞争营养或生长调节物质，导致花蕾败育或花发育不良等现象；而在花期之后，叶片光合作用则成了植株各种生长发育过程的主要营养源。

紫斑牡丹花开于当年生枝（嫩枝）的顶端，枝条的生长在开花之前为初生生长，即以伸长生长为主，开花之后为次生生长，即以加粗生长和木质化为主（成仿云，王友平 1993）。枝条的初生结构包括表皮、皮层和维管柱 3 部分。表皮由 1 层排列紧密的细胞组成，其外角质膜明显。紧接表皮的数层细胞较小，分化为厚角组织，其中最外层排列紧密，弦向壁加厚十分明显，皮层的主要部分由约 15 层大型薄壁细胞组织组成，皮层最内数层细胞也较小。维管柱由维管束、髓射线和髓组成，约 15 个，大小不等，排列成 1 圈。枝条的次生构造包括次生维管组织和周皮，它们基本上同时形成。维管形成层区较宽，旺盛活动时达数十层细胞厚，最后形成的次生木质部数量有限，茎的中央大部分仍为由薄壁细胞组成的髓占据（图4-3）。周皮发生得较深，第 1 次是在皮层近维管柱侧约 1/3 的地方形成，由 2～5 层内含染色很深物质（可能是单宁）的木栓层细胞、木栓形成层和栓内层（多层细胞组成，有时厚度超过木栓层）组成(图 4-4)。

枝条长度即生长量因品种、株龄以及栽培条件而异，但总的来说，紫斑牡丹的嫩枝普遍要比中原牡丹长，多数可达 40～50cm；少数品种可更长，达到 60cm 以上。与中原牡丹一样，紫斑牡丹的枝条也是基部 5～6 个叶腋形成芽，其中顶部的 2～3 个常常能发育成混合芽，而基部数个则以叶芽状态潜伏下来成为不活动的休眠芽。由于枝条仅在叶腋有芽形成的部位能木质化，上部无芽眼形成的部分在入冬后自行枯死，因此，宿枝实际长度仅为年生长量的 1/3～1/2。故有“长一尺退八寸”之说，这种“枯梢退枝”的现象是紫斑牡丹亚灌木特性的明显表现，在花文化中它赋予牡丹坚忍不拔的性格特征。

4.2.2.4 开花及其阶段划分

紫斑牡丹的花期因年份、栽培地、海拔以及品种不同而有差异，一般从花芽萌动到开花

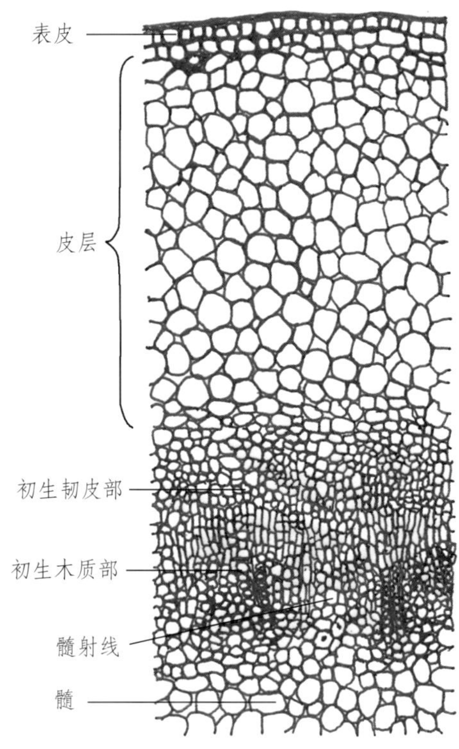

图 4-3　紫斑牡丹茎的初生构造
（根据成仿云等 1993 照片重绘）

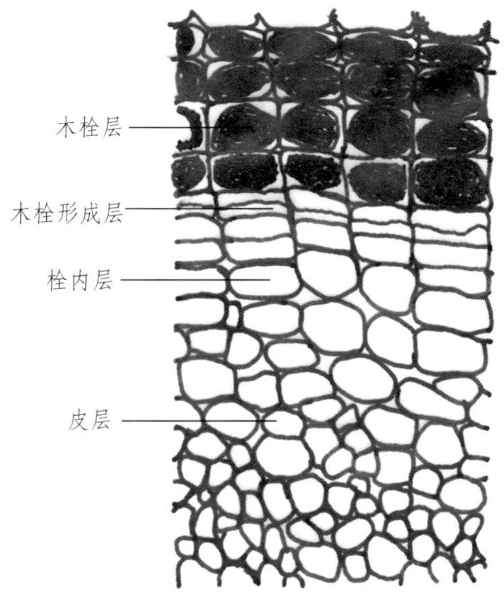

图 4-4　紫斑牡丹茎的次生构造
（根据成仿云等 1993 照片重绘）

约需 50～60 天时间，在甘肃当地于 3 月底至 4 月初萌动，4 月底至 6 月初开花，群体花期 20 天左右，单花花期 7～10 天。

花期早晚与当年春季气温有密切关系，春暖或春寒可使花期相差 7～10 天或更多。如 1981 年，临夏市春暖，紫斑牡丹早花品种于 5 月 10 日开放；但 1983、1984 年春寒时，早花初花期延后至 5 月 17 日。此外，开花期间的气温对花期长短也有明显影响，高温可以使花期缩短。如 1997 年春暖，兰州和平牡丹园紫斑牡丹的花期由正常年份的 5 月 10 日提前到 5 月 5 日，5 月 7～9 日遇连续 3 天高温，结果全园 80% 以上的植株集中开花，5 月 10 日温度恢复正常时，大部分花朵开始凋谢，到 5 月 15 日已所剩无几，群体花期由正常年份的 20 天缩短到 10 天左右。

由于海拔高度变化影响到气温、光照和湿度等环境因子，因而对紫斑牡丹花期也有明显影响，一般随着海拔增高花期延迟。如紫斑牡丹的盛花期在兰州市区（1 550m）是 5 月上旬，在近郊的和平牡丹园（1 759m）是 5 月中旬，而在市区与和平牡丹园之间的皋兰山（2 100m）是 5 月下旬；临夏市（1 900m）花期已过而附近的和政县（2 136m）早花刚开。气候及海拔对花期的影响，其本质是温度对花芽（蕾）生长和发育的影响。据分析，当气温上升并稳定在 3～5℃时，牡丹混合芽开始萌动，6～8℃时，显露枝叶、抽出花蕾，12～16℃时花蕾增大发暄，16～22℃时开花（喻衡 1980）。虽然气温高低可以影响发育节奏，使花期提前或延后，但是开花需要一定的积温，积温不够时，即使在开花所需要的气温下，也不能立即开花。

在相同的栽培环境下，花期还因品种不同而有所差异，同一品种群内可以分出早花、中花和晚花品种，这是群体花期较单花花期长的基础。实际在紫斑牡丹中，中花品种占绝大多数，而早花和晚花品种相对较少，这是以后选育品种时应该充分注意的一个问题。

从混合芽萌动到开花的过程，虽然受温度或其它因素的影响会缩短或延长，但是其间枝、叶和花蕾等器官生长发育的规律是一致的。现主要根据不同时期叶发育形态及花蕾的发育，划分为 8 个连续的时期（成仿云等 2001）：

（1）萌动期：芽体膨大，芽鳞上色（因品种不同而变成紫色、绿色或由绿变紫）。

（2）萌发期：芽鳞松口，叶端显露。

（3）显叶期：叶片完全显露出来，但小叶仍然拳卷，叶柄簇抱着茎。能看到叶柄是判断这一阶段的一个重要形态特征。不同品种在这一阶段的特征有所不同，可区分为花蕾隐含型（花蕾被叶片完全包围），花蕾显露型（花蕾明显位于叶片之上，有时甚至在萌发期就能看到花蕾）和花蕾半显型（花蕾下半部分被叶片覆盖、上半部分显露）3 种类型。

（4）张叶期：叶柄向外开张，小叶仍然处于拳卷状态，花蕾增大，败育花蕾能从花部解剖结构上观察到。

(5) 展叶期：从茎基部叶开始向上，小叶逐渐开展，花蕾继续增大。

(6) 风铃期：该期随着最上部叶的展开而开始，包括茎、叶和花蕾都迅速生长，正在增大的花蕾直立于花梗顶端或像风铃一样下垂。

(7) 露色期：花蕾顶端变松、变软，可以看到花瓣的颜色，开花已变得不可逆，生产中常在此时剪取切花。

(8) 开花期：从花瓣开张到凋谢的时期，进一步可分为初花期、盛花期和谢花期。

4.2.2.5 根生长

紫斑牡丹的实生苗幼年期具有明显的主根，是典型的直根系。但是随着年龄的增长，由于侧根大量产生和不断生长，逐渐使主根变得不十分明显。到成年期时，植株形成庞大的肉质根系，产生大量 50～80cm 长的肉质根，少数可长达 1m 或 1m 以上。通过分株、压条等营养繁殖手段生产的种苗，需经 2～3 年才能建立完整的根系，一般都没有明显的主根。

紫斑牡丹的生长规律与中原牡丹相同，年周期由生长期和休眠期组成，生长期中根有两个生长高峰期。第 1 个生长高峰期是在早春，当 20cm 深的土层温度稳定在 4～5℃时，根系开始活动并萌生新根，这与地上部分芽的萌动基本是同步的。随着气温回升，根系活动逐渐加强；到开花期过后进入盛夏高温季节时，根系活动微弱，处于半休眠状态。入秋后随着气温下降，根系进入了第 2 个生长高峰期，不仅在次生根中贮藏了大量的营养物质，而且会产生大量新根，往往地上部分已进入休眠期时，地下根系仍然不断有新根形成。相比而言，根系秋季生长比春季生长更多、更重要。传统的在仲秋季节繁殖栽植牡丹，就是利用了根系生长的特点，使其能在冬季进入休眠之前产生大量新根，以利用其从土壤中吸收的水分和营养，使植株尽快恢复和建立生机。同样，在早春根系生长之前移植牡丹也是这个道理。甘肃各地在春季芽萌动及萌动前带土移植紫斑牡丹，不仅成活率高，而且树势恢复快。但是，如果在春季芽已萌发、开始生长后再移植，由于这时根系已经在活动，移植会使根系尤其是已产生的新根受到损伤，并错过萌生新根的时期，使根系与地上枝叶之间生理失衡，导致成活率急剧下降。因此，春季移植紫斑牡丹宜早不宜晚。

第5章

紫斑牡丹的繁殖与栽培

5.1 种子繁殖及播种苗的培育

种子繁殖即有性繁殖，是指利用种子繁殖苗木的方法，培育出来的苗木称播种苗或实生苗，是紫斑牡丹最常见的繁殖方法之一。种子是传粉受精的产物，具有双亲的遗传特性，所产生的实生苗生长健壮、抗性强、适应性强，在气候干燥、寒冷和土壤贫瘠地区的园林绿化甚至荒山绿化中可广泛应用；同时实生苗也往往会发生复杂的性状变异，从而为选育新品种创造了条件。在自然界，野生紫斑牡丹具有专性有性繁殖的特点，即以种子为其惟一的繁殖途径（成仿云等 1997），进一步影响到紫斑牡丹栽培品种普遍具有较强的结实能力，从而奠定了进行种子繁殖的基础。由于方法简单，繁殖系数大，甘肃各地农民常用种子繁殖紫斑牡丹，用于绿化种苗生产、药用栽培和新品种选育。

5.1.1 种子生产

紫斑牡丹结实性较强，除了单瓣和半重瓣品种外，即使高度重瓣的品种，只要雌蕊没有完全瓣化或败育，在自然传粉受精情况下也都能结实。因此，选择生长健壮的成年植株，并在花期适当采取一些促进传粉受精的措施，便可获得大量优质种子。

适时采种是牡丹种子繁殖的关键，早在宋朝周师厚《洛阳牡丹记》中就提到，当蓇葖果将要开裂，种皮微黄时须立即采收并播种，如隔数日果皮变而子黑，“子黑则种亡万无一生矣”。明朝薛凤翔《牡丹八书》也称“种以下子言，故重在收子，喜嫩不喜老，七月望后，八月初旬，以色黄为时，黑则老矣。”紫斑牡丹在甘肃各地多在8月中下旬到9月上旬种子成熟，根据各地物候及品种差异，可视情况在蓇葖果变黄变干（图5-1）、腹缝线即将开裂或开始开裂、内部种子从蟹黄色向棕褐色转变时采集。当蓇葖果完全开裂，种子变干变黑时采收就为时已晚（图5-2）。

剪采的蓇葖果宜放在室内或阴凉通风透气处自然干燥，要防止霉变（隔2～3天翻动1次），忌日晒。干燥期间，蓇葖果会不断开裂，散出种子，也会从黄褐变为黑色。如果采摘时间正确，蓇葖果干燥7～10天左右，即可全部开裂。不能开裂者则采集过早，种子发育不成熟，故可弃之，以便获得整齐一致的萌发率。收集的种子应该立即播种或沙藏，自然干燥贮藏会使种子进一步失水，休眠加强，生活力下降，严重影响萌发。

图 5-1(左)　紫斑牡丹蓇葖果变黄即将开裂，种子已成熟，适合采种播种
图 5-2(右)　紫斑牡丹蓇葖果完全开裂，种子过熟，采种播种时萌发率下降

5.1.2 种子的休眠与萌发

紫斑牡丹的成熟种子多呈卵状球形，棕黑到黑色。但是在结实率高的品种中，由于蓇葖果内种子相互挤压而呈多边形或扁球形。紫斑牡丹种子具有典型的上胚轴休眠现象，成熟后需要在一个较温暖的条件下胚根才开始生长，然后再经过低温春化阶段后胚芽才生长形成幼苗。赤霉素（GA_3）处理是解除种子休眠、促进萌发的有效方法。1992 年秋（8 月 22 日），著者在兰州用赤霉素、浓 H_2SO_4、70% 酒精和60℃温水浸泡的方法处理紫斑牡丹种子后，分别进行沙藏和大田播种试验，发现 500mg/L 赤霉素处理的种子，在沙藏 1 个月后有 1/3、2 个月后有 1/2 萌发生根，而温水和对照处理在 3 个月左右时才开始萌发；而大田播种的种子，在 1993 年春调查时，赤霉素处理有高达 80%～90% 的成苗率，而温水处理的仅有 50%～60%，而且前者的幼苗生长健壮，生长 1 年后即 1993 年秋季，其质量明显强于后者（成仿云，未发表资料）。因此，赤霉素不仅能够代替低温解除紫斑牡丹的上胚轴休眠，同时也能够促进种子萌动和胚根生长，这与牡丹种子中的情况（Barton 1933；Barton and Chandler 1958）完全相同。

种子解除上胚轴休眠后，在适宜的温度条件下胚芽便可生长，形成幼苗。紫斑牡丹的幼苗以子叶出土萌发为主，但是萌发过程中胚根、子叶和胚芽都要从种孔端的小裂口处伸出，由于种皮坚硬，以致在幼苗迅速生长过程中，子叶无法从种皮内脱出，加上土壤不够疏松或者覆土较厚等原因，使子叶不能伸出地面，造成子叶留土萌发的假象。因此，播种紫斑牡丹时苗圃土壤要疏松，播种深度要适宜，但这又可能在干旱寒冷的冬季引起土壤干燥，进而影响种子萌发。解决这种矛盾的最好办法是播种后在苗床覆盖秸秆或塑料薄膜等，以便保湿和保温。

5.1.3 播种技术及其幼苗培育

紫斑牡丹在种子成熟的秋季播种，随即形成幼根，然后在经历冬季严寒解除上胚轴休眠后，翌春出土成苗。科学的播种方法和技术是由种子休眠和萌发的生理习性以及当地的气候和栽培条件决定的，是培育优良种苗的保证。

5.1.3.1 播种期

适时和及时播种，即把适时采收、科学调制的种子立即播种，或沙藏直到露白（胚根长出种皮）时再播种。自然干燥保存的时间越长，对播种出苗越不利，其原因一方面是干燥失水会使种子休眠加深和生活力下降，另一方面推迟播种会丧失幼根生长的最佳温度时期，从而不能为冬季低温解除上胚轴休眠创造条件，使出苗期推迟至少 1 年。

5.1.3.2 播种地或苗床整理

常用大田平作或低床育苗，最好选择肥沃、疏松之地。播前深翻，耙平或整成 100～120cm 宽的低床（床埂高约 15cm，宽约 20cm），施足基肥。长期使用有机肥或病虫害严重时，要用

图5-3　3年生紫斑牡丹播种苗（从苗床移植后生长1年）

有关药剂进行土壤消毒及杀虫。

5.1.3.3　播前种子处理

50℃左右温水浸种12～24h或500mg/L赤霉素处理6～12h均对提高萌发成苗率有明显作用，其中后者成苗率高（90%以上）、幼苗生长健壮，值得推广。

5.1.3.4　播种方法

多采用条播，行距10～30cm，株距2cm左右，播种沟深5～6cm，覆土2～3cm。保墒和防寒在冬季尤为重要，可用地膜、麦秸或玉米秆等覆盖材料，或两侧用壅土封成约10cm高的小垅后再覆盖。翌春在土壤解冻、生长开始时及时去除覆盖物，扒平壅土。

5.1.3.5　幼苗培育

幼苗出土后的圃地管理应通过中耕除草和浇水等方法，保持土壤墒情，以利幼苗生长。在夏季温度超过30℃时，可适当遮荫。秋末，1年生幼苗高5～10cm，形成1～3片小叶和10～15cm长、主根明显的根系。幼苗一般留床生长两年后可在秋末或第3年初春移植。幼苗挖出后，按根系大小分级，再按不同株行距移栽到栽培圃中。3年生幼苗生长明显加快（图5-3），可根据育苗目的决定栽植密度，一般行距50～70cm，株距10～30cm。移植后第2年即4年生幼苗部分开始开花，5年生幼苗大部分开花。如栽培管理不当，开花期也可推迟1～2年。

5.2 营养繁殖及营养苗的培育

营养繁殖即无性繁殖，是指利用植株营养器官来繁殖苗木的方法，培育出来的苗木称营养繁殖苗或无性繁殖苗，简称营养苗。具体包括嫁接苗、分株苗和压条苗，它们的遗传特性与母本一致，能保持品种的优良性状，在种苗生产中常用。甘肃紫斑牡丹的营养繁殖没有像菏泽和洛阳牡丹那样普遍，操作简单但繁殖系数低的分株和压条应用较多，需要一定技术但繁殖系数较高的嫁接在近年来才开始逐渐被采用。

5.2.1 分株繁殖及其应用

由于在临夏、临洮及其周围地区，紫斑牡丹以农民庭院观赏种植为主，分株虽然繁殖系数低，但是简单易行，成活率高，同时既能满足爱好者和亲戚朋友间交换或馈赠的基本需要，又可结合分株采集丹皮，因而是当地最传统和主要的营养繁殖方法。除秋季外，甘肃各地还常在春季进行紫斑牡丹分株，其生长和开花情况与秋季没有多大差别，有时甚至更好。这与中原地区“春天栽牡丹，到老不开花”的说法有所不同。紫斑牡丹秋季分株宜在9月中下旬即国庆节之前，有利于根系恢复和生长，对植株成活和生长都有利；春季分株则必须在土壤即将解冻和混合芽尚未萌发前进行。不论秋季还是春季，由于紫斑牡丹植株高大，加之母株往往是五六年生甚至更大株龄的株丛，分株栽培时一定要疏枝或重剪，尤其是十几年生以上的植株在保留其粗大的老枝干时，更要剪除多余的枝条，这是保证成活的关键之一。至于分株繁殖的基本要领与中原牡丹相同，故不赘述。

薛凤翔《牡丹史》称分栽牡丹“一年曰弱，二年曰壮，三年曰强……”，这一点近年来在商品生产中被菏泽的花农巧妙应用。他们把3年生分株苗作为成品销售或再进行分株，充分

图5-4 压条是甘肃临夏等地最传统的紫斑牡丹繁殖方法，一般在花期过后或秋高气爽之时进行，2年左右可生新根，独立成株

利用牡丹的生长规律实现了生产效益的最大化。在牡丹商品生产中，分株繁殖与平茬、嫁接等栽培和繁殖技术相辅相成，在种源收集、接穗圃建立和商品苗培育中有其独特的、难以替代的作用。因此，今后在紫斑牡丹中应在降低母株株龄、促进分株苗规格化方面进行探索，把这种简单易行的方法大力推广应用到紫斑牡丹的商品化生产中。

5.2.2 压条繁殖及其应用

压条繁殖是指把紫斑牡丹的枝条埋入土中或用其它湿润的材料包裹，促使其生根后与母株分离，形成独立新植株的方法，在临洮、临夏、陇西等地应用较多。该法简单易行，经济可靠，虽然繁殖系数较低，不适合大量生产苗木，但它却是业余种植者最实用的方法，尤其适合稀有名贵品种的繁殖。

5.2.1.1 普通压条法

一般在春末花期过后或秋季气温凉爽之时，选健壮的2～3年生枝条向下按倒，把整枝压条埋入土中或仅把当年生枝掩埋而留老枝露在外面，但是枝梢一定要留在外面。此外，还常要用石块等重物或铁钩等加以固定，在枝条下侧进行刻伤或环剥，并堆埋一小土堆，保持土壤湿润，为生根创造良好条件（图5-4）。一般1～2年（老枝可能3年）后压条部位形成健壮的根系，即可在秋季或初春将其与母株分离，挖出后移植成新株。

5.2.1.2 高空压条法

紫斑牡丹植株高大，普通压条法对粗壮的枝干不很合适，采用高空吊包压条法则能克服。成仿云和王友平（1993）曾详细研究了紫斑牡丹高空压条繁殖的技术，主要包括环剥、激素处理、吊包和移植等步骤。

（1）环剥 开花期或花期刚结束时（兰州为5月上旬，临洮和临夏为5月中下旬）当年生枝呈半木质化状态，在其基部第2或第3叶下方离叶柄1～1.5cm处环剥，除去形成层外的所有部分，但勿伤及木质部，以保证水分运输不受影响。环剥宽度根据枝条的健壮程度，以1～

1.5cm为宜，在环剥口两侧上方约0.5cm处，从皮层向下斜切造成更大创伤面，促进愈伤组织形成。

（2）激素处理 不同浓度的ABT生根粉，IBA(吲哚丁酸)和NAA（萘乙酸）等，以及其它根促进药剂都可使用，试验发现50～100mg/L IBA效果最好。处理时，取适量脱脂棉在上述溶液中浸泡后取出捏去多余溶液，轻轻缠裹在伤口上，要防止棉花脱落。

（3）吊包 用塑料薄膜包于环剥部位，呈筒状，扎紧下口，封住上口即成，随即用竹竿支撑固定，防止吊包被风吹落或枝条被吹断。包的直径约8cm，高约15cm，切口应在包上部1/3处，以便发根后有足够的生长空间。包内用炉渣、煤粉、蛭石、泥炭或其它人工配制的基质填充。吊包后管理的核心是要保持基质湿润，为枝条生根创造适宜的环境条件。吊包后立即从上端用针管注水浸透基质，以后要随时观察含水情况，必要时适量注水，切忌过干或过湿。

一般在吊包15天后，切口不同部位有乳白色的愈伤组织突起；30天后愈伤组织布满整个切口，并在60天内迅速增大；60天后愈伤组织不再明显增大，而不定根则不断出现。根的形成有3种类型（成仿云1996）：大多数为愈伤组织生根型（图5-5），即不定根直接从愈伤组织上产生；少数为皮部生根型（图5-6，A），即不定根从皮部产生，与愈伤组织无关；还有一些为混合生根型（图5-6，B），即不定根可同时从愈伤组织和皮部产生。另外，不定根有时集中产生在愈伤组织或皮层的一定部位，显得十分密集，有时则在不同部位产生，显得较为稀疏。

（4）移栽 吊包4～5个月后，从塑料膜外可见许多根已产生，最长者达10cm以上。此时正值秋季牡丹繁殖季节，剪下生根枝条，小心取掉塑料膜，然后同基质一起移栽大田，浇

图5-5(左) 紫斑牡丹嫩枝生根——愈伤组织生根型（A：密集生根；B：分散生根），箭头示愈伤组织（成仿云等1993）

图5-6(右) 紫斑牡丹嫩枝生根——皮部生根型（A：密集生根）与混合生根型（B：分散生根）（临洮农校王友平先生提供）

透水。注意松土，防止板结。进入寒冬之前，可壅土10cm左右覆埋防冻，翌年早春及时除去壅土，吊包苗即能正常生长。

5.2.3 嫁接繁殖及其应用

嫁接能保持品种优良性状，且繁殖系数较高，一直是古今中外牡丹繁殖的主要方法。牡丹嫁接的方法因繁殖者的经验、习惯和目的不同而有很多变化，大体可以分为根接、枝接和芽接3类。其中用芍药根嫁接牡丹已成为中国和日本重要牡丹产地进行产业化生产的主要技术（成仿云 2001）。就紫斑牡丹而言，由于以往栽培规模小，嫁接繁殖应用并不普遍，但近年来在兰州、临洮、临夏等地已有越来越多的人开始嫁接紫斑牡丹，以满足国内外市场的需求。

5.2.3.1 根接法及其应用

根接法又称掘接法，即把芍药根（砧木）挖出与牡丹嫁接后，再栽植培养苗木的方法。此法在20世纪90年代以后才开始使用，尤其是1997年著者邀请日本岛根大学著名牡丹专家青木宣明教授到兰州进行学术交流并介绍了日本的先进经验后，此后又有李龙章、赵孝庆和赵建修等洛阳和菏泽的牡丹专家被邀请到甘肃进行指导和示范，直接推动了嫁接技术在紫斑牡丹繁殖中的应用，适合甘肃气候条件的嫁接技术正在各地生产实践中完善和成熟。紫斑牡丹根接的方法与牡丹完全相同，从多年在兰州和临洮的实践和观察看，由于秋季降温快，土壤干燥和冬季寒冷等特点，紫斑牡丹嫁接中有两点需要特别注意：其一是在当地最适的嫁接时间是8月下旬到9月中旬，太早或太晚都会极大地影响成活率（王友平 1994）；其二是嫁接苗一定要使嫁接切口处深达土壤潮湿层，培垄防寒、保湿是必要的措施。

牡丹嫁接技术经历了由嵌接、切接向靠接的发展过程。我国菏泽和洛阳目前多使用切接，而日本牡丹的主要产地大根岛在20世纪80年代后普遍使用单芽靠接。单芽靠接（图5-7）操作简单，劳动效率高，非常适合紫斑牡丹节间长、芽位多的特点，我们试验发现嫁接成活率也很高，极有推广价值。

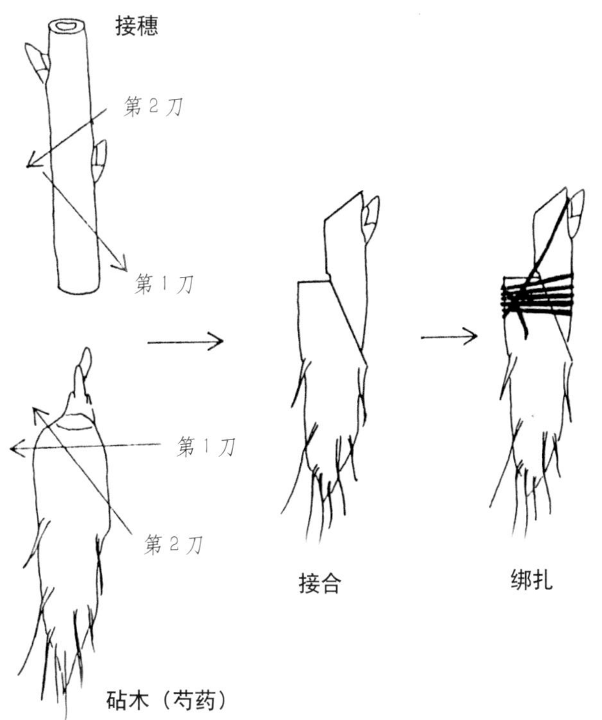

图 5-7　牡丹嫁接繁殖——单芽靠接法示意（砧木为芍药根）

紫斑牡丹嫁接成活后，第1年剪去花蕾，勿令开花，到第2年时大部分生长、开花正常，第3年开始旺盛生长，形成3～5条40～50cm长的枝条，品种性状充分表现，长势明显较同龄中原牡丹嫁接苗强（图5-8）。嫁接已成为国内外牡丹商品化生产的主要技术，同样紫斑牡丹要进行规模化生产，也必须建立由采穗圃、砧木圃和栽植圃配套的生产体系（见第6章）。

5.2.3.2 芽接及其应用

芽接在牡丹换头或培育一株多花色即什锦植株时使用，临夏和临洮等地的一些爱好者也用这种方法繁殖紫斑牡丹。方块芽接、“T”形芽接和环状芽接都有人使用，其中方块芽接的效果最好。

方块芽接可在5～8月树皮（韧皮部）能剥离期间进行，接穗和砧木均以当年生嫩枝为主，也可选用2～3年生枝。采集接穗后，立即剪去叶片，选择充实饱满的芽切片，长略大于宽（0.5～1.0cm），芽体要位于中央。然后在砧木上切除略大于芽片大小的树皮，贴入芽片后用塑料薄膜条捆绑严紧即可。嫁接时接穗既可以与砧木的芽眼相对，也可以接在砧木上没芽的部位。嫁接后的半月左右即可成活，可及时解除绑扎物，以利芽体正常生长、分化。这样可以保证接芽正常抽枝、开花。这些嫁接成活的枝条，第2年可作为接穗，用根接法进行扩繁。紫斑牡丹一些优良品种数量稀少，在引种繁殖困难的情况下，芽接法因其适合嫁接的时间长、成活率高，作为一种简单易行的引种扩繁方法有其特殊意义。

图5-8　2年生紫斑牡丹嫁接苗

5.3 栽培管理

5.3.1 选地

紫斑牡丹属于冷凉干燥生态型品种群，耐寒使其具有更广泛的生态适应性，除了栽培中心的甘肃外，在西北其它地区以及华北、东北广大地区都能栽培。根据“宜冷畏热，喜燥恶湿”和根系深而长的特点，选择地势高敞向阳、排水良好、土层深厚的沙质壤土最为理想。由于紫斑牡丹较抗盐碱和耐贫瘠，适合栽培的土壤选择范围较中原牡丹大一些，适当盐碱和黏土同样能够生长很好。在生产栽培时要尽量选择土壤条件优良的地方，必须保证生产效益，而在园林应用中只要能够保证植株正常生长、开花的地方都可以栽种，条件差时可以通过筑台、换土等手段加以改进。由于紫斑牡丹根系常深达60cm以上，土层深厚是保证植株寿命和健壮生长的基本条件，低洼积水或土壤排水不良常是影响正常生长的主要原因。因此，不论是大田规模栽培，还是庭园少量应用，在气候条件适合的情况下，土层深厚、排水良好是选择栽培地点的两条主要标准。

5.3.2 栽植

紫斑牡丹可以秋植，也可以春植，掌握最适宜时期是保证成活的关键。秋季是最主要的栽植季节，每年大约在9月中下旬到10月中下旬，有1个月左右的时间最为合适。一般是裸根进行，视植株根系大小挖穴，以根系能够自然舒展为度，个别太长的根可以剪短。栽前用一定浓度的生根粉溶液处理，对植株尤其是老植株成活有很大帮助，对分株苗还可以用灭菌灵溶液浸泡，以防病菌感染。栽植深度以根颈部位与地表平齐为宜，1周左右后用壅土封根部，翌春再扒平壅土。适合春植的时间大约有半个月左右，一般是在3月中上旬土壤刚刚解冻、枝条即将萌发时。春季移栽一定要带土球，且土球要尽量大些，以减少对根系的损伤。

不论是秋植还是春植，为了保证成活并尽快恢复生长势，紫斑牡丹在栽植以后要采取以下措施：① 适当疏枝或重剪，这对枝条高大的老龄植株尤为重要；②花芽萌发后去除花蕾，第1年令其勿开花；③根颈有新的萌蘖芽产生时及时去除；④在花期之前枝叶生长期间，可用抽枝宝、爱多收等生长促进剂喷施2～3次，花期过后可喷施叶面肥。这样，经过1年的恢复生长后，第2年便可正常生长、开花，第3年开始旺盛生长。如果第1年栽培管理不当，成活后树势恢复需要更长的时间。

5.3.3 管理

紫斑牡丹生长旺盛，生态适应性强，具有抗旱、耐寒、耐瘠薄土壤等优良秉性，一旦建立正常生长的植株，总的来说是一种十分耐粗放管理的花木。同时，它又喜肥、喜水（图5-9），结合其生长发育特点采取必要的管理措施，能促进其花大色艳、枝叶茂盛和寿命延长，可极大地提高观赏和园林应用价值。

图5-9　紫斑牡丹生长对土壤肥力敏感，左图示肥力充足时植株郁郁葱葱、生长健壮，右图示施肥（中间色绿部分）与不施肥（两侧色黄部分）对照明显（甘肃，8月下旬）

5.3.3.1 植株管理

通过选留主枝、修剪、抹芽等技术措施，使植株株形完美、生长旺盛和年年开花，这是紫斑牡丹日常管理中最重要但又最容易被忽略的问题。在植株栽植之初，要选留主枝（俗称“定股”），它奠定了植株生长的基础，因此是一项十分重要的工作。“定股”实际在移栽时根据原植株长势、大小及枝条多少进行疏枝时就已开始，一般要保留生长健壮充实的枝条5～10枝，疏去长势较差的弱小枝。当主枝数量不足时，可选用和培养基部产生的萌蘖枝。主枝数量较少时容易形成高大植株，较多时形成的株形更丰满。但是当主枝过多时，枝条间营养竞争加强，开花质量会下降，长势会受到严重影响。因此，主枝的选留根据栽培观赏的目的以及品种分蘖能力的强弱，原则上数量应少些，这样有利于枝条健壮、开花充分和寿命延长。

在植株正常生长进入观赏期后，日常管理要保持株形，调节花量，维护旺盛生长，保证观赏效果。首先，在花期过后要摘除残花，不让结实，避免徒耗养分，影响花芽分化和来年开花。其次，在花后1个月左右时，去除当年嫩枝上部叶腋中的芽体，仅保留基部2～3叶腋内的芽体，以便能集中养分，发育形成饱满的花芽。如果枝条细弱，可仅选留1个芽，使其能充分分化发育。然后，在10月过后叶枯时，剪去花芽以上未木质化的枯枝和部分向内生长的枝条，以保持植株株形美观、通风透气。同时要清除老枝上的不定芽，以防它们生长分散养分供应，影响株形和开花。最后，也是紫斑牡丹植株管理中最需要强调的一点，就是要在其生长期随时除去根颈部发出的萌蘖芽（俗称“洗脚”），以保证营养能够集中供给老枝，不然萌蘖芽生长会大量消耗养分，使老枝因营养不足而生长、开花不良，严重影响观赏效果，甚至会使植株衰老期提前，生命周期缩短。因此，这项工作历来为人们所重视，《植物名实图考》称“种牡丹者，必剔其嫩芽，则精脉聚于老干，故有芍药打头，牡丹修脚”之谚。否则，开花不仅特别瘦小，且致“老枝日形萎缩而不开花。”

5.3.3.2 水肥及其它管理

紫斑牡丹根系发达，耐干旱，也耐贫瘠土壤，然而它又喜肥喜水。要想年年枝茂花繁，有良好的观赏效果，就要根据其生长发育规律以及气候和栽培条件，科学地进行水肥管理。紫斑牡丹目前主要是在西北、华北和东北广大地区的园林绿化中栽培和推广应用，这些地区自然条件虽然不同，但总的来讲每年2～3次的浇水和施肥便能取得满意效果。第1次是“花肥”、“春水”，指在早春植株萌动、开始生长时，进行第1次施肥和浇水。此时正值北方春旱季节，也是花芽生长、花蕾奠基的重要时期，浇水、施肥能充分满足植株旺盛生长、开花的需要。浇水要浇透，施肥以速效肥（有机氮肥中混入少量磷肥）为主，将其匀撒在植株周围，松土后浇水即可。第2次为“根肥”、“冻水”，指在晚秋植株休眠之前的一次施肥和浇水。此时植株地上部分已停止生长，而地下根系仍然活动，正在形成大量具有旺盛吸收作用的新根，施入足量的经过充分腐熟的堆肥、厩肥或饼肥和其它复合肥料，将为生长奠定全面的营养基础。一次充足的冬肥，事实上便能满足植株全年生长发育的基本需求，因此应予以重视。此外，人们还常常在开花前后浇水或在开花后为了促进花芽分化施1次“芽肥”，各地可以根据具体情况灵活应用。事实上，除了上述强调的两次浇水外，也可根据降水和土壤的情况，在土壤干燥时随时浇水，在整个生长季节保持土壤潮湿无积水，对紫斑牡丹生长是极为有利的。结合施肥、浇水，进行中耕除草，可以改善土壤通气状况，保持土壤墒情，防止病虫害发生，是紫斑牡丹栽培管理的重要内容，各地应结合实际情况采取不同措施，原则上每次浇水或降雨之后要锄地松土，杂草要及时清除。

此外，病虫害防治是栽培管理中不可忽视的问题。目前在甘肃各地尚未发现紫斑牡丹有严重的病虫害发生，这一方面说明它的抗性较强，另一方面也与当地海拔较高、气候冷凉干燥有关。但随着紫斑牡丹的推广应用和栽培区域的扩大，已经在不同地区发现根结线虫、蛴螬、刺蛾、根腐病、叶斑病、褐斑病等危害紫斑牡丹，因此要在已有牡丹病虫害防治经验（俞思佳，张佐双等 1993； 李嘉珏等 1999）的基础上，结合栽培地的实际情况进行综合防治。

第6章

紫斑牡丹的商品化生产及利用

牡丹虽原产于中国，但现已在世界许多国家广为栽培，其品种越来越多，生产规模越来越大，应用形式越来越多样，发展势头强劲，市场潜力巨大。在中国社会及经济文化迅速发展以及发展具有中国特色民族花卉业的需求下，牡丹迎来了中国历史上又一次空前发展的时期。产业化发展是牡丹生产发展的特点和方向，它要解决的是品种系列化、生产规范化、管理科学化、产品多样化和供应周年化等一系列问题，目前从牡丹的品种资源、栽培技术、发展基础和市场潜力等方面已经具备了基本条件，以种苗为主、盆花和切花为辅的3种商品牡丹形式已经形成，与之相应的配套生产栽培技术体系正在逐渐成熟和完善。

6.1 商品化生产与栽培

紫斑牡丹作为中国牡丹大家族中的重要一员和后起之秀，它的产业化发展将为中国牡丹业注入活力。因此，应该在现有的基础上引进我国菏泽、洛阳和日本的先进技术与经验进行产业化生产栽培，实现其跨越式发展，迅速把资源优势转变为产业和经济优势。

6.1.1 种苗商品化生产与栽培

种苗生产是牡丹商品化生产和产业化发展的基础，中国和日本都是以嫁接繁殖为主，形成了采穗圃、砧木圃与栽植圃三圃相配套的生产体系。接穗是市场需要的优良牡丹品种，砧木则以实生芍药苗为主，商品嫁接苗最快也得到第4年才能上市（图6-1）。甘肃气候冷凉干燥，栽培芍药生长十分良好，加之当地又原产许多野生芍药资源，为培育优质砧木奠定了基础，因此利用嫁接技术进行紫斑牡丹商品化生产大有前途。现就著者在日本最大的牡丹产地——岛根县松江市大根岛的调研，结合国内洛阳邙山花木种苗场的经验，简要介绍用于牡丹商品化生产的嫁接繁殖技术。实践证明，这项技术同样适用于紫斑牡丹的繁殖（图6-2）。

第1年	第2年	第3年	第4年	第5年	第6年
春夏秋冬	春夏秋冬	春夏秋冬	春夏秋冬	春夏秋冬	春夏秋冬
芍药根的栽培			牡丹苗的栽培		
芍药的选种和播种	挖苗、选苗和移植	嫁接	挖苗、部分苗上市、部分苗移植	挖苗、部分苗上市、部分苗移植	挖苗、全部苗上市

图6-1 用草本的芍药根作砧木嫁接木本的牡丹，堪称奇迹，我国自古便有之，现已发展成为牡丹商品种苗生产的主要技术，图示牡丹嫁接苗生产程序（日本）

6.1.1.1 三圃（采穗圃、砧木圃、栽植圃）建设

（1）采穗圃 实质上就是一种品种资源圃，包括主采穗圃和辅助采穗圃。主采穗圃是把3～4年生植株分株后，根部直立向下，枝条斜向水平压埋栽种。株行距为70cm × 60cm，两株根相距10cm左右，枝的朝向与灌水方向一致，第1年秋季对所有萌枝平茬，第2年秋季时，每株可采15～20个接穗。辅助采穗圃是利用上年嫁接苗的栽植圃，在秋季平茬后枝条可作为补充接穗使用。洛阳邙山花木种苗场以前者为主，每年生产嫁接苗在20万株以上；日本大根岛的采穗圃则全部是嫁接苗苗圃。因此主采穗圃和辅助采穗圃并没有严格区分。紫斑牡丹生长旺盛，不论是分株苗还是嫁接苗建立的采穗圃，每年平茬后会形成大量可作为接穗的芽。要获得大量整齐一致的接穗，关键技术之一是平茬，传统的从大株上剪取的接穗，芽的异质性大，大小及规格难统一，无法满足规范化生产的需要。

（2）砧木圃 芍药按行距60cm、株距40cm的密度栽植，两年后每株（墩）可产根8条左右，直径为1～3cm，长度为10～15cm。在日本，砧木全部用2～3年生的实生芍药根，质量和规格相当一致（图6-1）。紫斑牡丹产区原产大量野生赤芍（*Paeonia veitchii*），不仅抗性强、适应性广，而且结实率高、千粒重小，是极有发展前途的培养砧木的材料，甘肃奥凯牡丹园林有限公司正在与北京林业大学合作进行开发之中。

（3）栽植圃 土地选择要充分考虑水、肥及各种管理条件，株距可因品种、土地或栽培地气候灵活掌握，以2年生植株互不遮荫为宜。一般2年出圃可按株行距10cm × 40cm或15cm × 40cm密植，然后再根据要生产种苗的规格和年限移植、分栽。在我国嫁接苗一般要培养3年后才上市，而在日本1～3年生的嫁接苗均可作为商品种苗销售（图6-1）。

图6-2(上) 紫斑牡丹过去常用分株与压条的方法进行营养繁殖，嫁接繁殖技术近年来才开始应用，图示生长整齐一致的1年生紫斑牡丹嫁接苗（甘肃奥凯牡丹园林公司）

图6-3(下) 沙藏促进牡丹嫁接苗愈合，提高嫁接成活率，延长有效栽培时间（日本大根岛）

6.1.1.2 嫁接及其管理

嫁接用切接法或靠接法，最好用单芽靠接技术。接穗要随采随用，砧木可提前采挖、管理好，沙藏备用。嫁接、绑扎好后，再在切口周围涂以泥糊保湿。抹泥在我国菏泽及洛阳普遍使用，但在日本大根岛则多采用沙藏的方法促进愈合（青木宣明 1992）（图6-3）。后者除操作简单外，最大的好处是在栽植时就能清楚嫁接是否成活，因而有利于劳动力和土地的合理利用，节省开支。甘肃秋季气温下降较快，很值得在紫斑牡丹生产中推广此法。

嫁接牡丹是一项十分烦琐的系统工程，适宜时间短，工作量集中，因而人员和物质管理与栽培管理一样，是商品化生产的重要环节，应予以充分重视。洛阳邙山花木场每年在嫁接开始之前，要举办岗前培训，制定并明确每个环节要掌握的要点及要求，把人员划分为挖砧、整理、采穗、嫁接、养护和后勤等不同的作业组，明确各组人员的工作任务和纪律，并将其与报酬和奖惩结合在一起，从而提高了劳动效率和积极性。菏泽的花农在每年繁殖季节也自发组成分工明确、协作一致的嫁接小组，为有关单位和客户提供一条龙的嫁接服务，效果很好。

图 6-4　紫斑牡丹盆栽生长表现良好，是商品化生产发展的重要方向，图示盆栽紫斑牡丹销售（右：意大利 Central Botanical Moutan）与栽培（左：美国 Peony Land）

6.1.2 盆花商品化生产与栽培

6.1.2.1 盆花的常规栽培及生产

盆栽是牡丹商品化生产大有前途的发展方向之一，只要有高质量的种苗和科学栽培方法，大多数品种都可盆栽，紫斑牡丹也不例外（图 6-4）。种苗可用 1～3 年生的健壮嫁接苗，基质以保温、保水和通气性好、质量较轻为原则（如以园土、珍珠岩、腐熟鸡粪按 1∶1∶1 的比例混合较好），花盆可根据种苗大小选用口径在 20cm 以上、盆深 25cm 左右的塑料花盆或瓦盆。后者较有利于植株生长，但太重而不适合规模化生产。上盆时间必须在秋季牡丹繁殖的季节，上盆方法与其它花卉无异。

盆栽牡丹的管理要点首先是浇水，务必根据所用基质的保水性及气候情况，保持盆土湿润，尤其是在生长季节天气较热时要勤浇。但是切记不能把花盆置于低洼处或在雨季时遭水淹。其次是要勤施肥，除入秋和开春施两次基肥外，每月施 1 次含氮、磷、钾的液肥即可。第三是要剥芽保花，即在花后立即剪去花头勿令结实，大约 1 个月（一般在 6 月）后要用利刃剥去上部数个叶腋内的芽，仅留基部 1～2 个芽分化发育，这样既可以控制植株高度，又可以确保来年再开花。此外，入冬前要剪去枯叶及枯枝，进行必要的防寒防干处理。另外一种简便的盆栽方法，是把花盆直接“栽”于大田，盆口与地表平或高于地表数厘米，其后的管理与正常栽植的种苗无异，只是要注意浇水和施肥在盆内。在日本大根岛有一些花农就用这种方法，常在风铃期或露色期、甚至开花时起盆上市销售，也可在其它时间销售。

6.1.2.2 盆花的促成栽培及生产

促成栽培是牡丹盆花生产的主要形式之一，在中国和日本的商品牡丹销售中占有一定的比例。中国促成栽培牡丹主要是在春节开花上市，而日本是在元旦（图 6-5）。除中国和日本外，欧美近年来也有许多人注意到新年及圣诞节前后的市场，从中国和日本进口种苗，利用促成栽培进行牡丹盆花生产。促成栽培可以分为早期、中期和晚期促成栽培以及半促成栽培等不同的形式，它们与常规栽培相配合，大大延长了市场供应的时间（图 6-6）。

图6-5 盆花促成栽培即催花，已成为牡丹商品生产的主要方式之一，在中国和日本都比较常见。图示牡丹盆花促成栽培（右下）及促成栽培牡丹开花（左下：'新岛辉'元旦开花，日本岛根大学）（左上与右上：'洛阳红'与'叠云'春节开花，广州陈村花卉世界）

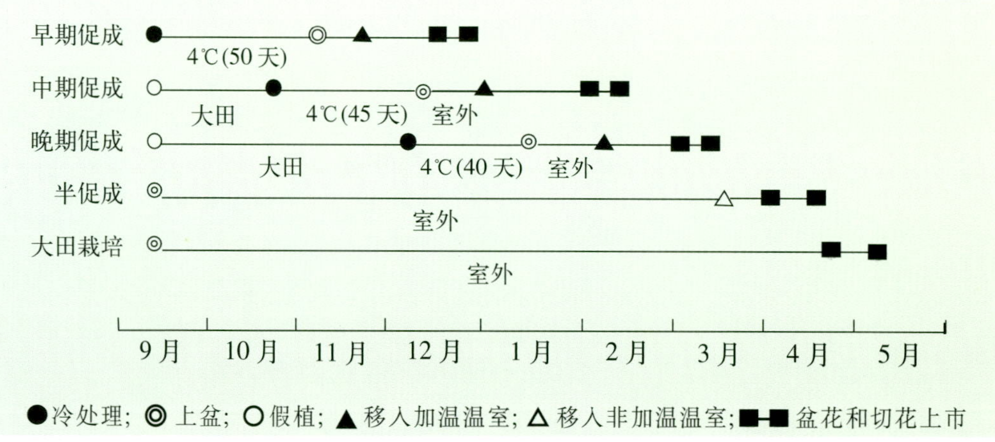

图6-6 常规栽培和促成与抑制栽培技术相结合，使牡丹盆花与切花生产向周年生产发展，极大地促进了牡丹商品化。图示牡丹盆花和切花周年生产体系(日本岛根)

（1）促成栽培的基本原理　促成栽培一般称催花，是人为地利用设施或其它手段，改变牡丹自然生长的规律，使其提前开花的过程。它是以牡丹生长习性和发育规律为基础的，植株必须满足完成花芽分化和解除花芽休眠两个基本条件。入冬休眠之前花芽分化一般都已经完成，因此关键是如何解除花芽休眠，使其萌发、生长，并在元旦（日本）或春节（中国）开花。有关研究调查表明，在0～5℃条件下30～50天左右，即能满足牡丹生长对低温的需求，解除芽的休眠。我国常用的北株南催（菏泽、洛阳生产的牡丹运到广州等地开花）主要是利用北方入冬后的自然低温，并结合赤霉素处理来解除花芽的休眠，然后运到南方使其开花。在日本牡丹中，采用15℃预处理10天，再在4℃下低温冷藏7周，被证明对大多数适宜催花的品种有较好的效果（Aoki 1992a、1992b;成仿云等 2001）。甘肃冬季降温较早，对促成栽培前利用自然低温解除花芽休眠十分有利，是紫斑牡丹值得探索的重要课题。

（2）促成栽培品种及种苗的选择　不同品种促成栽培的反应不同，可分为成花能力强、成花能力弱和完全不成花3种基本类型（成仿云等 2001）。由于只有一部分品种适宜催花，所以品种选择十分重要，中国常用‘大胡红’、‘洛阳红’、‘朱砂垒’、‘赵粉’、‘肉芙蓉’、‘银红巧对’和‘藏枝红’等，日本则多选用‘花、‘岛大臣’、‘莲鹤’、‘芳纪’和‘花王’等品种。同样在紫斑牡丹中，我们发现有些植株非常容易催花，因此优先扩大繁殖这些品种，会使生产者很快获得经济效益，促进其产业化生产的发展。在影响催花的众多因素中，种苗质量是关键。催花植株一定要枝干健壮，芽体饱满，根系完整。我国多选用4～5年生的分株苗，它们应该是通过平茬、定股、打剥等环节，专门为促成栽培培育的。在日本则多使用2～3年生的嫁接苗，它们一般是单枝、单芽、单花，但也有用4～5年生分枝较多植株的。

（3）上盆　花盆大小可根据植株规格选定，盆土即栽培基质要注意保温、保水、透气和轻便。由于催花牡丹是一次性消费商品，生长过程中营养主要来自植株本身的贮存，对肥的要求不是太高，可分别选用炉渣、园土、腐叶土或蛭石、陶粒、树皮、木屑等，按不同比例配合使用。催花期长短由栽培类型及栽培环境决定，上盆时间要根据催花上市时间来确定（图6-13）。

（4）促成栽培管理　温度、湿度（水）和光照等环境因子对促成栽培牡丹生长的影响相当复杂，按照生长规律进行调控，创造适宜生长和开花的环境，构成了催花技术管理的基本内容。植株从萌动、生长到最后开花的过程包括了3个不同的生理时期，早期从萌动期到放叶建蕾期，主要是茎、叶和花蕾完成生理建成，是促成栽培的定性阶段；中期从显蕾期到露色期，植株全面生长，是促成栽培的定量阶段；晚期即开花期是促成栽培的观赏阶段。大量调查、实践表明，前期温度应控制在日温10～14℃、夜温5～8℃；中期日温12～18℃、夜温9～12℃；后期日温20～23℃、夜温14～18℃（王莲英等 1999）。前期对温度的要求比较严格，温度偏高常会引起叶生长加快，使花蕾生长受到颉颃而败育。后期如果日温降为10～15℃、夜温8～12℃，则有利于延长花期。湿度控制包括浇水和空气湿度两个方面，喷浇水的次数应该根据栽培环境灵活掌握，以保持相对较高的水分含量及空气湿度、但一定要避免盆内积水为原则。在快速生长期，适当补光有助于叶和花的均衡生长，改善盆花的商品性，一般可用普通灯泡每天补4～5h（300～500lx）。

6.1.3 切花商品化生产与栽培

切花是花卉应用和消费的主要形式之一，牡丹切花市场前景看好，但目前的生产量仍然十分有限。不过可以肯定，以商品化种苗生产为基础，以盆栽牡丹的促成或抑制栽培为主要栽培方法的切花生产，将会在牡丹产业化发展中逐渐发挥更大的作用，其中紫斑牡丹因当年生枝条较长更适合切花生产。

6.1.3.1 切花的品种选择

切花的重要质量标准之一是要达到一定的长度，紫斑牡丹生长旺盛，部分品种当年生枝

(嫩枝)长可达60cm以上，切花生产的潜力很大(图6-7)。对于节间较短的大多数中原牡丹品种，通过改进栽培措施，可以把切花的范围从1年生枝扩大到2～3年生甚至多年生的枝条，根据市场需要生产出不同规格的切花。切花品种的观赏性和商品性，如产后切花的耐贮藏性、货架寿命和瓶插寿命等，都是选择生产品种时要考虑的因素，但是国内外至今尚无切花专用品种，对这些问题缺乏系统研究。目前，“牡丹切花新品种选育与产业化开发”项目已被列入国家“十五”863高科技计划，这项由北京林业大学牵头、中国林业科学研究院和北京、菏泽、洛阳及兰州的一些牡丹生产企业参加的科研计划，将针对牡丹切花生产中亟待解决的品种及其配套生产技术进行深入研究，期望能够取得预期的成果，并在生产中得到应用。

图6-7(左) 紫斑牡丹花枝较长，非常适合切花。图示兰州大田露色期采收，常温带回北京(2天)后在家用冰箱4℃贮藏2周，无任何特殊处理瓶插开花正常

图6-8(右) 促成栽培生产的牡丹切花待上市(日本岛根大学)

6.1.3.2 切花的生产方式

大田常规栽培和盆栽促成栽培是生产牡丹切花的两种主要方式。常规栽培要选择健壮的种苗，建立专门的切花圃，圃地要有较好的水肥管理条件。每年通过切花和适时平茬，促进产生大量萌蘖枝作为下一年切花的对象。直接从枝条基部剪取切花，可起到平茬的作用，在促进保留枝生长的同时，也刺激了基部萌蘖芽的萌发。利用盆栽牡丹促成栽培生产切花，已在日本使用多年(图6-8)，其栽培管理与盆花生产完全一样，但是由于切花不存在搬运花盆的问题，故可选用较大的花盆和多年生大植株进行生产。

6.1.3.3 切花的采后管理

切花剪取最宜在蕾端刚刚开始松口、露色时进行，过迟或过早都会严重影响质量。切花要按花色、品种或枝条长度分级、分类包装和运输。牡丹蕾大、叶多，剪取后应先适当疏叶，用透明塑料纸或专用的塑料袋包好后，再2枝、5枝或10枝一束，用包装纸或报纸包裹后装箱运输。在气温较高或不能立即投放市场的情况下，在2～4℃下冷藏2周左右瓶插，仍然有较好效果。如果结合使用保鲜剂处理，贮藏和瓶插效果会更好些。

6.1.3.4 切花的周年供应

实现周年供花，是促进牡丹切花消费的重要环节。周年供花的基础是周年开花，在这方面已有一定技术和经验积累(王忠敏 1991)。目前，把常规栽培和促成栽培相结合，可在冬春两季半年左右的时间内提供高质量的切花(图6-6)，但是对通过抑制栽培，在夏秋两季开花的栽培及其技术问题仍需要研究。

6.2 园林应用

6.2.1 园林应用的形式

紫斑牡丹品种群是我国仅次于中原牡丹的第二大品种群，不仅品种繁多，而且植株高大，耐寒抗旱，香味浓郁，在适生地区病虫害少。目前，除了在甘肃及邻近省(自治区)的城乡园林绿地中已普遍应用外，已引种到北京、东北、内蒙古及长江中下游一些大中城市。紫斑牡丹既可以作为观赏花卉使用，也可以在植物造景中作为中层花灌木，与其它牡丹品种或花灌木、宿根花卉等广泛配合使用，表现出十分广阔的应用前景。本节以紫斑牡丹为主，简述牡丹园林应用的主要形式，以彰显它们的园林绿化价值。

6.2.1.1 专类园

在城市大型公园、植物园及近郊风景名胜区，可以建立以紫斑牡丹品种为主的专类园，同时更可以作为传统牡丹专类园的重要内容，利用它与中原牡丹在株形、花期等方面的差异，进一步提高牡丹专类园的观赏价值。专类园应该主题突出，总体布局、地形处理、建筑设计、植物配置等方面都要根据牡丹欣赏特点和满足创造牡丹文化氛围的要求进行。其面积小则二三十亩，大则三五百亩。如北京植物园近年来已在原牡丹园西北角专门引种、建立了紫斑牡丹集中栽培区，在充分展示紫斑牡丹风采的同时，也充实了牡丹园的展示内容和效果。中国科学院北京植物研究所牡丹园和景山公园牡丹园则把紫斑牡丹与中原牡丹合理配置，有效地提高了牡丹园的整体观赏效果。洛阳王城公园、神州牡丹园等著名牡丹观赏园，专门建立紫斑牡丹观赏区，不仅成了观赏园的亮点，而且延长了观花期（紫斑牡丹花期晚于中原牡丹），增加了门票收入。当然，紫斑牡丹专类园最多的还是它的发祥地甘肃，在兰州、临夏、临洮和陇西等地机关单位和农家庭院，几百株、几十株集中栽植，体现紫斑牡丹壮观、迷人风采的牡丹园星罗棋布，构成了黄土高原一道靓丽的风景线。其中独树一帜、最具浓郁地方特色和吸引人的是大大小小的农家牡丹园，它们都是典型的紫斑牡丹专类园。这里的农家牡丹园基本上形成了两种布局，即前院式牡丹园和后院式牡丹园（图6-9、10、11）。可能由于地方的限制，后院式牡丹园有时并不与庭院直接相通，需要绕道到屋后专门的小门进入，是独立的后花园。

图6-9　"种花如种树，隔墙可闻香"。图为甘肃农家院中紫斑牡丹‘观音面’高或过屋、满树皆花

图 6-10　甘肃临洮、临夏和陇西各地，有许多人嗜花如命，自幼习种紫斑牡丹。他们把人生的快乐和追求完全融入花中，紫斑牡丹成了他们的"生命之花"，被视为传家宝而代代相传。马杰明先生便是临夏回族牡丹迷的代表（左），他一家四代同堂，人人酷爱紫斑牡丹，院中"皆花，盖无他"，有‘佛头青’、‘绿蝴蝶’和‘九蕊珍珠红’等名品，花时张幄置宴，盛迎观者。右图示前院式农家紫斑牡丹园一角（临洮）

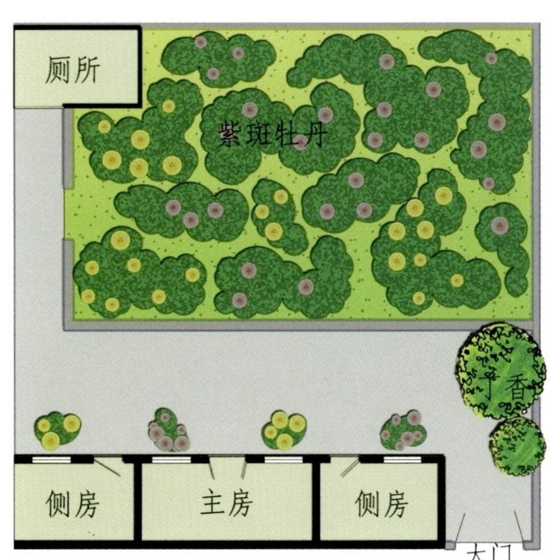

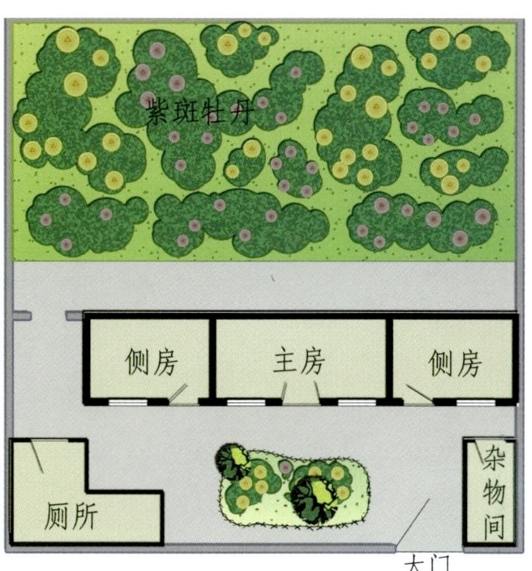

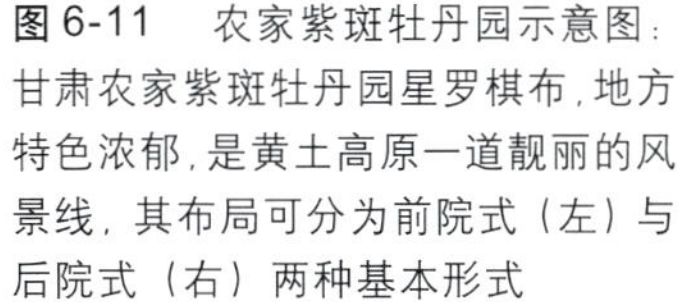

图 6-11　农家紫斑牡丹园示意图：甘肃农家紫斑牡丹园星罗棋布，地方特色浓郁，是黄土高原一道靓丽的风景线，其布局可分为前院式（左）与后院式（右）两种基本形式

牡丹专类园从布置形式上讲，通常有规则式和自然式两种。规则式布置是把园区分为规则式的花池或种植块，在其内等距离栽植牡丹，不配置其它植物和山石等造景材料。专类园中植株比较整齐和统一，便于集中观赏、比较和研究牡丹品种特征和特性，管理方便，大面积栽培花开时蔚为壮观（图6-12、13）。规则式集中种植是我国许多大型牡丹园的主要形式，如北京植物园、上海植物园、菏泽曹州牡丹园和百花园、洛阳王城公园、兰州和平牡丹园、临夏市东郊公园和红园等。但是这种布置缺乏意境的再创造，牡丹的观赏效果和美好作用不能得到充分发挥。

自然式布置通常是利用中国传统的造园手法，以牡丹为主题结合地形和其它花草树木、山石、建筑等造景要素，自然和谐地配置在一起，这种配置能够较好的创造出意境。北京植物园牡丹园在植物布置上采用乔、灌、草复层混交的自然式群落方式，保留原有古树，结合

图6-12（上） 兰州龙首山庄牡丹园，位于兰州皋兰山巅（海拔2 100m），自然花期较兰州市内（海拔1 550m）晚1～2周左右
图6-13（下） 临夏市东郊公园牡丹园，是临夏紫斑牡丹栽培最集中的地方

图 6-14(上) 北京颐和园的牡丹台阶式种植，既提高了观赏效果，又满足了牡丹生长要求，是极有价值的牡丹应用形式

图 6-15(下左) 甘肃临夏农家院内，紫斑牡丹筑石台而栽（从左到右依次为‘玉壶冰心’、‘软把杨妃’、‘绿蝴蝶’），柔和的灰墙背景使鲜花绿叶格外突出，景观雅致而醉人

图 6-16(下中) 北京景山公园中牡丹的自然花带应用，显示牡丹不仅花期观赏性高，而且花后植株仍郁郁葱葱，具有良好的绿化美化效果

图6-17(下右) 英国Highdown Gardens中，紫斑牡丹在自然花境中作为下层草本花卉与上层乔木树种之间的衔接与过渡，使景观层次更为丰富；同时绿色的背景树木把盛开的牡丹花衬托得格外醒目

园内地形增加了古朴高雅的情调，一方面满足了牡丹对生态环境的需求，另一方面也颇有自然山野之趣。同时园内道路自然曲折，建筑与雕塑安排得当，如在南入口处古槐树下有置石，石上刻有牡丹诗，起到点景的作用；园中部牡丹仙子雕塑置于各色牡丹之中，主景突出；在北部的牡丹壁画则以葛巾玉版的故事传说为题材，突出牡丹园的文化意趣。因此，在植物配置上体现科学性，与其它造景要素结合体现艺术性，与牡丹文化结合提高文化内涵，是以自然式布置为主的牡丹园要努力达到的目标。自然式布置最大的优点，就是由于把牡丹与其它植物科学配置后，使以牡丹为主形成的园林景观不随着牡丹花期的结束而“凋谢”，仍然可以吸引游人驻足观看，发挥牡丹的绿化和美化作用。

图6-18　在楼阁厅廊等建筑周围栽植牡丹，可使二者相得益彰，不仅便于游人观赏牡丹，也使得建筑更加气派庄严而富有灵气。紫斑牡丹与建筑的配合在甘肃的寺庙拱北、公园或饭店等单位的园林绿化中常见，其中临夏红园是甘肃著名的园林文化景观，犹以紫斑牡丹与建筑取胜（右图与左上图）。有道是"临夏好，最忆是红园。牡丹尽染红满院，亭阁卧波映栏杆，游人朝夕攀。"左中与左下图分别示兰州饭店庭院与临洮大拱北清真寺中紫斑牡丹与建筑的配合

图 6-19　牡丹与园石配合的形式多样，常会出现意想不到的好效果（左：北京颐和园；右：北京紫竹院公园）

图6-21 紫斑牡丹在林缘丛植及与草坪的配合（兰州宁卧庄宾馆）

6.2.1.2 花坛、花境、花带和花台

在公共园林及不同类型绿地的某些局部，牡丹也可作为花坛、花境、花带和花台等多种形式综合应用（图6-14～17）。牡丹花坛或花台可以成为局部构图中心，其形式可以是各种规则式的几何图案，也可以是半自然式的丘坡阶式栽植。花坛附近配以园林建筑或小品，如亭、廊、阁、厅，或雕塑、花架、假山石、壁画、喷泉等，使之与牡丹相得益彰，构成各种以观赏牡丹为主的园林小景或景观（图6-18、19）。

在降雨较多的地方，紫斑牡丹与牡丹一样则宜筑台栽植。台植亦适于面积较小的游园或庭院。用砖砌成台，或叠石成台，台高一般60～70cm，可为长方形、六角形和椭圆形等不同形式。秋季种植前在花台底部宜铺以10～15cm厚的粗沙或碎石，以利排水。上面填入培养土，混以细沙（4成）、壤土（5成）、充分腐熟的饼肥及厩肥(1成)，切忌未腐熟的肥料入土以防蛴螬危害。台面种植3～5株花期一致、生长势相近的品种，为使景观生动，亦可配以山石，四周植以沿阶草等。

6.2.1.3 孤植、丛植和群植

在草坪、林缘、路边、树丛或花丛中孤植、自然式丛植、群植，是灵活应用牡丹的最有

图6-20 紫斑牡丹在园林中孤植，由于花大色艳，易形成与周围配景植物或环境的反差，加之其植株高度适宜人的视线，往往容易成为观赏的焦点。左上：临夏饭店（'玉壶冰心'）；右上：兰州龙首山庄；左下：英国Wisley Garden（'约瑟石'）；右下：英国爱丁堡皇家植物园，紫斑牡丹在绿墙背景前格外醒目

图 6-22　紫斑牡丹的株形、体量适合与许多乔灌木搭配，使景观层次丰富。左上示临洮大拱北清真寺内梓树与紫斑牡丹同时开花，与高大而有特色的建筑相呼应，使人感到繁华壮丽而不失庄严，前景及下层用鸢尾和芍药，以延长开花观赏期；左中示紫花泡桐和油松侧方遮荫，紫斑牡丹开花繁茂（兰州和平牡丹园）；左下示兰州和平牡丹园内紫斑牡丹与重瓣黄刺玫在垂枝榆两侧对植，颜色对比鲜明，景色清晰别致；右图示兰州宁卧庄宾馆园林绿化中，主景是中层的紫斑牡丹，上层刺槐侧方遮荫，梨树作背景，下层为修剪整齐的小叶黄杨，既巧用了紫斑牡丹的体量，又满足了生长对光照的需要，使主景突出，层次丰富

效方式（图 6-20）。草坪比较开阔，景物深远，使人有足够的观赏视距来欣赏牡丹的完整形象。牡丹丛植于草坪空间的构图中心或灿若朝霞或洁白如雪，最易成为视觉焦点。花开时节，青草如茵，给人以生机、以希望、以春的气息。在林缘种植牡丹，不仅在盛开时引人注目，花谢后照样可以郁郁葱葱（图 6-21）。在路旁、花丛、台前，牡丹孤植、丛植、群植可营造出不同的点景、夹景、对景效果，空间有收有放，变化丰富自然，在许多地方经常使用。

6.2.2 牡丹与其它植物的搭配

在庭院绿化中，把紫斑牡丹作为一种常规的绿化材料加以使用，是扩大其应用范围和形式，发挥其绿化和美化价值的重要内容。牡丹，包括紫斑牡丹在内，其株形和体量决定了它可以与众多的乔灌木和地被植物搭配，使景观层次更为丰富多彩。

牡丹与乔木搭配时，乔木一方面为牡丹提供侧方遮荫的生长环境，另一方面有些树种颜色较深,可作为景观的背景材料。除梓树、刺槐、紫花泡桐和欧洲七叶树等与牡丹花期相同的树种外，许多叶色较深或色叶树种也都可作为背景树，充分衬托和突出牡丹主景（图 6-22）。

图6-23(上) 中国科学院植物园牡丹园用许多常绿针叶树与阔叶树作为紫斑牡丹的背景配置，充分注意了景观的季相变化

图6-24(左下) 甘肃农家牡丹园中的紫斑牡丹（'九蕊珍珠红'）与紫丁香，其花色、花型、花香、体量和层次等相得益彰，使周围朴实的泥土院墙与房屋生辉，身临其境，会有一种安逸、幸福，在世外桃源的感受

图6-25(右中) 紫斑牡丹与紫丁香、紫藤花期相同，是甘肃临夏农家院内的黄金搭档

图6-26(右下) 紫斑牡丹与紫丁香作为乔木树下中下层配景材料非常协调（西北民族学院）

图6-27　竹子很适宜作背景衬托紫斑牡丹（兰州宁卧庄宾馆）

在与一些常绿树或落叶大乔木配合时，一定要注意牡丹的种植距离，如果离树干太近，树冠过于浓荫以及树根与牡丹争夺土壤营养和水分，都会引起牡丹生长不良，影响其开花和景观效果。尤其是树冠开张生长的阔叶树，要预测到树冠增大的幅度，确定好树下牡丹的种植距离。如果保持乔木一侧或多侧通风透光，特别是一些塔形或柱状树冠的种类，树冠对牡丹的影响还是比较好处理的。

牡丹与其它花灌木搭配使用时，首先要考虑它们之间体量如何。如迎春等体量较小的种类，一般栽植在牡丹花台边缘作为前景，而像紫丁香和黄刺玫等高度在2m左右的种类作为背景材料较为适宜，可以较好地烘托出牡丹的效果。其次，要注意花灌木与牡丹在花期、花型和花色方面的搭配。除了像迎春、紫丁香（图6-23～26）和黄刺玫、紫薇、海仙花、金银木、榆叶梅和紫荆等常见花灌木外，青翠、秀丽的竹子作为背景与牡丹相配，体现和表达的则是另外一种高雅而尊贵的风格（图6-27）。

低矮的地被植物和宿根花卉可填充牡丹尤其是紫斑牡丹的下层空间，起到点缀、衬托主景以及进一步丰富景观层次的作用（图6-28）。其种类的选择要根据牡丹栽植的环境条件

图6-28　许多宿根或球根花卉在园林配置中作紫斑牡丹或牡丹的下层植物使用效果很好，右：紫斑牡丹可与鸢尾属许多植物搭配；左上：紫斑牡丹与宿根花卉配置形成的花境（英国邱园）；左下：牡丹与菊花及其它花草配置的花境（德国慕尼黑植物园）

而定，阳光较为充足可选用铺地蜈蚣、地被菊类、大花萱草、二月蓝、马蔺、郁金香等比较喜阳耐旱的植物，光线较暗的地方可用麦冬、沿阶草、鸢尾和玉簪等较耐荫的种类。还有许多宿根花卉和一、二年生草花和球根花卉等，都可以和牡丹搭配反映时令的变化，丰富园中景色。

6.2.3 园林应用中应注意的问题

品种选择上要注意多样性，要注意设法延长花期和色彩对比。在以紫斑牡丹品种为主时，要考虑配植中原牡丹、日本牡丹和欧美牡丹，因为在自然状态下，中原牡丹、紫斑牡丹、日本牡丹以及法国牡丹和美国牡丹将依次开花，花期可长达1个月以上，使观赏期大为延长。在专类园中，牡丹栽培地应占到总面积的1/3以上，每品种3～5株或5～10株，相对集中种植。品种搭配上要拉开早、中、晚花的距离，一般早花品种占15%～20%，中花品种50%～55%，晚花品种30%左右。在花色上对花期相近的品种，要注意色彩上的对比与互补。

图6-29 花期过后，紫斑牡丹仍然有很高的绿化与观赏价值。上左图示紫斑牡丹花后枝叶繁茂的情况；上右与下图示深秋11月，紫斑牡丹不但仍可赏青枝绿叶，而且果实成熟，蓇葖果裂后，墨黑、宿存在果皮上的种子也十分有特色，有人称为“二次开花”（下图为上右图近景）（甘肃兰州）

图6-30　部分紫斑牡丹品种入秋叶片变色，秋色叶与正常叶以及常绿树形成鲜明对比(左)，可与银杏等构成美丽的秋景(右)(甘肃兰州)

牡丹可以近赏，也可以远观，因此要注意近景和远景的结合与协调。近赏体现的是牡丹的个体美，可使人们细细品味其雍容华贵、仪态万千的迷人芳姿，吮吸其馨香浓郁、沁人心脾的醉人花香，要通过园路曲折、种植点的巧妙安排，为游人创造近距离观赏的条件。远观体现的是牡丹的群体美，利用一定高差或小地形，提供特定的视角，让游人欣赏到大片丛植牡丹色彩纷呈、花团锦簇、灿若朝霞的壮观景象的同时，体味和领悟牡丹文化繁荣昌盛的象征意义，得到深层的精神享受。

通过环境的烘托，各种园林小品的配置，尽量创造观赏牡丹的文化氛围，提高园林的文化性。如我国传统绘画艺术中“华封三祝”（牡丹、松、石榴）、“玉堂富贵”（玉兰、海棠、牡丹）和“长命富贵”（松、牡丹、园石）等主题，完全可以通过植物造景或以园林小景的形式展现在游人面前，使牡丹文化融入园林景观之中。

注意配置其它植物，充分考虑非牡丹花期的景观变化。牡丹花的观赏期是有限的，因此要通过其它园林植物的科学配置，注意季相变化，有效地提高牡丹花后园林景观的观赏性。在乔、灌、花和草组成的立体景观中，紫斑牡丹和牡丹可作为中下层灌木层或低矮的矮灌层造景材料使用，与许多常绿或落叶乔灌木、藤本、草本花卉和草坪的适当配置，完全可以形成丰富的季相变化，使牡丹观赏期过后仍能吸引游人。特别值得一提的是，紫斑牡丹由于生长旺盛、抗性较强，其绿叶期要比普通中原牡丹长得多，不仅许多品种在深秋之际仍然青枝绿叶，不失景观价值（图6-29），而且有些品种的叶片会转变为褐红色，形成漂亮的秋景（图6-30）。

注意牡丹的生长习性，各种种植形式并用，规则式与自然式布局结合。牡丹生长喜欢光照，在半荫环境中也很好，但是花期忌烈日暴晒，遮荫过浓也常开花数量减少或质量下降。因此，周围建筑物的高低，乔木的大小和枝叶的疏密，种植的距离，灌木的多少，都要根据实际情况通过景观空间的围合和分割以及规则式与自然式布局的有机结合，灵活使用片植、丛植和孤植，为牡丹创造一个适宜的生长环境，以营造出令人满意的景观效果。

牡丹和芍药为一对姊妹花，它们花期一前一后，体量一高一低。在以牡丹为主的园林中，芍药正好可以作为牡丹下层的造景材料使用，二者配合可有效延长花期，丰富景观层次。因此，在推广使用牡丹的同时，应大力提倡尽量多地配植芍药，以相互补充，提高园林的观赏效果和价值。

6.3 药材生产与综合开发

6.3.1 药材生产

牡丹的根皮（主要是韧皮部）加工后称丹皮，是我国著名的传统药材之一。新鲜丹皮中含有牡丹皮原甙（$C_{20}H_{28}O_{12}$），但易为皮中所含的酶水解，产生牡丹皮甙（$C_{15}H_{20}O_6$）和L-阿拉伯糖。此外，还含有牡丹酶（$C_9H_{10}O_3$，或叫丹皮酚）、芍药甙（$C_{23}H_{28}O_{11}$）、挥发油、苯甲酸、植物醇、蔗糖、葡萄糖等成分。丹皮的药理和临床功效的强弱，主要与丹皮酚含量有关。产地不同，丹皮酚含量亦有差异，变化在0.88%～2.13%之间。丹皮水煎剂具明显降压作用，丹皮酚具镇静、止痛、抗惊厥、退热、调节细胞免疫能力等功能。丹皮还可降低心肌耗氧量，对心肌缺血有保护作用；丹皮水溶性成分有显著的降血糖作用。丹皮制剂对痢疾杆菌、伤寒杆菌、副伤寒杆菌、霍乱弧菌、大肠杆菌、变形杆菌、绿脓杆菌、肺炎球菌等有较强的抑制作用；对于常见致病性皮肤真菌亦有抑制作用。因此，丹皮良好的药用价值使其得到了广泛应用。

紫斑牡丹曾是丹皮的重要来源之一，长期采挖使野生资源受到了严重破坏。由于野生紫

紫斑牡丹树高花繁，图示‘红冠玉带’40年生植株开花盛景

表 6-1　紫斑牡丹种子氨基酸成分及含量

氨基酸名称	英文缩写	固体含量（%）	氨基酸名称	英文缩写	固体含量（%）
天门冬氨酸	ASP	1.68	亮氨酸 *	LEU	1.04
苏氨酸 *	THR	0.51	酪氨酸	TYR	0.44
丝氨酸	SER	0.77	苯丙氨酸 *	PHE	0.68
谷氨酸	GLU	5.51	赖氨酸 *	LYS	0.61
甘氨酸	GLY	0.74	组氨酸 **	HIS	0.33
丙氨酸	ALA	0.72	精氨酸 **	ARG	1.07
缬氨酸 *	VAL	0.81	脯氨酸	PRO	0.56
蛋氨酸 *	MET	0.23	胱氨酸	CYC	0.51
异亮氨酸 *	ILE	0.61	色氨酸	TRP	0.17
总氨基酸			16.99		

[注] 标 * 者为人体必需氨基酸，标 ** 者对婴儿亦是必需氨基酸。

斑牡丹专营性种子繁殖的特点，植株一旦被挖便永远消失，药用采挖是其致濒的主要原因（成仿云等 1997）。在甘肃子午岭林区，野生紫斑牡丹居群经过近30年的休养生息才得以恢复（定光凯等 2002），因此禁止滥挖丹皮是保护野生资源惟一有效的途径，药材市场对丹皮的需求应该通过提倡和推广药用牡丹栽培来满足。

紫斑牡丹栽培分布区一般是在移植或分株时，取下部分粗根加工药用，大面积药用栽培并不多见。20世纪60年代药材部门曾推广过丹皮生产，但是没有形成比较集中的产地而延续下来。据临夏市林科所调查，在临夏关卜一带已有紫斑牡丹的药用栽培。方法是在 9 月份把 3 年生的播种苗，按株行距 30cm × 40cm 栽植，3 年后可收采根皮。一般 3 年后每株可产鲜根 0.5kg，4 年生产 1.5kg，5 年生产 2kg。采根可在 9～10 月份进行，一般 1kg 鲜根可炮制丹皮 0.5kg。667m^2 种植 3 年的药用紫斑牡丹可产鲜根 2 500kg，生产丹皮 1 250kg，其经济效益是可观的。目前，甘肃陇西、岷县等地正在建设我国西北最大的药材生产基地，这里也正好是紫斑牡丹的传统栽培地区。因此，应把紫斑牡丹的药用栽培作为甘肃牡丹产业化综合开发的一个重要环节加以重视，以便能与观赏栽培相呼应，发挥牡丹在社会经济生活中的特殊作用。

6.3.2 综合开发

紫斑牡丹浑身是宝，除了观赏和药用栽培外，综合开发应用的前景同样十分广阔。牡丹花茶具有美容、安神、养血、调经、降压的功效，白色花瓣可做成鲜美的菜、汤食用，用花瓣制作的保健枕头颇受人们欢迎。最近，兰州大学等单位发现紫斑牡丹种子具有重要的食用营养价值。分析结果表明，紫斑牡丹种子含粗蛋白 17.5%、粗脂肪 33.27% 和维生素 C 16.92mg/100g，并富集天门冬氨酸、苏氨酸、亮氨酸、精氨酸等 18 种氨基酸（表 6-1），含钙（Ca）、镁（Mg）、硅（Si）、钠（Na）、钾（K）、铁（Fe）、铝（Al）、磷（P）、锰（Mn）和铜（Cu）等近 20 种无机元素。种子含油量高达 24%，出油率 20%，牡丹油含不饱和脂肪酸即亚油酸和不饱和脂肪酸油酸等，可制造保健食用油，具有很高的开发价值。同时也发现紫斑牡丹茎、枝、果、叶都含有较丰富的牡丹酚、芍药苷等药用成分，经加工提取可用作医药原料和药品，尤其叶子含大量的没食子酸，经加工或配制可治疗痔疮等多种疾病。

6.4 社会文化价值的开发利用

6.4.1 紫斑牡丹与民风民俗

就像紫斑牡丹作为一个品种群在中国牡丹中占有重要地位一样，以紫斑牡丹产区为核心形成的牡丹文化，则极大地充实和发展了中国牡丹文化的内容，使象征着富贵吉祥、繁荣幸福的牡丹文化的内涵，不仅充实了人们的精神生活，而且渗透到各族群众的现实生活中，影响着当地的民风民俗。牡丹不仅寄托着人们对美好事物的追求和对幸福生活的向往，也成了当地汉、回、藏和东乡等各族人民团结的纽带，他们种花、爱花、赏花、唱花，赏花会、“花儿”会把大家紧密地联系在一起。

紫斑牡丹在甘肃以及邻近的青海、宁夏、陕西等地有着悠久的栽培历史，从明、清到民国时期曾形成一个发展高潮。甘肃中部临夏、和政、康乐、临洮、榆中以及陇西一带，不仅殷实人家户户有牡丹园，就是普通农户的庭院中，种牡丹、芍药亦相约成俗。少者3株、5株，多者过百株，“种花如种树，隔墙可闻香”，树高花繁、花香浓郁的紫斑牡丹，被视为“富贵、吉祥”之物而备受珍爱。这里是黄土高原和黄土高原与青藏高原接壤地区（图6-31），许多地

图6-31　大夏河中下游的夏河、临夏与和政等县（市），藏、回、汉等多民族聚居，不仅是紫斑牡丹栽培起源中心之地，也是著名的西北民歌“花儿”的故乡，图示大夏河及其终年积雪的太子山（位于和政、临夏县境内，顶峰海拔4 336m，终年积雪）

图6-32　临夏乡土景观之一（左上）：洮河下游的临洮、康乐及榆中等地，洮河水孕育出了美丽的紫斑牡丹和勤劳朴实的人民，图示临洮乡土景观之一(右上)；渭河中上游的天水、武山、漳县、陇西与定西等地，是紫斑牡丹最主要的起源与演化中心之一，这里大多数地方山大沟深、黄土深厚、干旱缺水，图示陇西中条梁黄土与村落景观(左下)以及甘肃紫斑牡丹常见的栽培形式——花果套种(右下)

图6-33　正堂之上置牡丹，祝愿富贵与平安：从图中极其传统的厅堂陈设中，我们不难体会到中华文化之古韵，以及牡丹与这种文化不可分割的缘由（甘肃临夏）

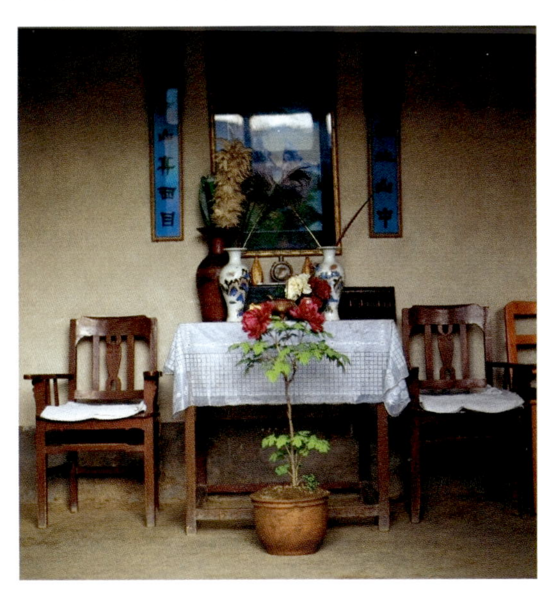

方山大沟深，干旱缺水，交通及经济欠发达，但民风淳朴，人民勤劳，传统文化基础雄厚（图6-32）。正是这种特殊的地域和人文环境，孕育出了美丽的紫斑牡丹，以及散发着浓郁地方特色和多民族融和风格的牡丹文化。成百上千、星罗棋布、代代相传的农家牡丹园，不仅是黄土高原西北一隅一道靓丽的风景线，更是牡丹作为“中华民族之花”（杨军，曾明 1993）深深植根于各族人民群众心中的有力佐证。

对美好事物的热爱是甘肃各族人民的共性。每年5月牡丹花开时节，一年一度的“浪牡丹”就随着春风花信拉开了序幕。开牡丹宴，饮牡丹酒，唱牡丹曲，庆牡丹之盛。在临夏、临洮、陇西一带，真正是“花开时节倾城欢”。亲朋邻里，走村串户，大家以牡丹为媒，相互走访，交流情感，切磋栽培技艺（图6-34）。凡有上门观牡丹者，必然受到热情接待，不论贫富贵贱、关系亲疏，都会被视为上客，让座、上茶、递烟、敬酒，不亦乐乎！有远道而来者，还会留下吃顿家常便饭；见有摄影录像者，也会争相合影留念。剪数枚含苞待放的花枝，用灶膛中的热灰烫烧切口后，插在花瓶内*，摆放在厅房中央的八仙桌上，或把专门精心培育的牡丹盆花，盛开时置于正堂之上，都是当地群众借牡丹来表达希望日子过得富贵平安的传统习俗（图6-33）。

* 这与中原文化一脉相承，如元 · 俞宗本《种树花》载“芍药、牡丹摘下烧其柄，插瓶中后入水，……”，清 · 邝璠《便民图纂》中也有“牡丹、芍药插瓶中，先烧枝断处”之说。

大家欣赏牡丹，评头论足，有名儿的品种看谁家开得好、开得大，没名的品种大家争着起名，看谁起得最好。好家们还要挂牌预定，确定好秋天要引的品种。为了延长观赏期，常常不忘给牡丹花搭个凉棚……，热闹喜庆的场面，让过路人还以为是娶媳妇办喜事呢！

改革开放以来，人们欣赏牡丹花的习俗逐渐演变成一年一度的牡丹花会。其中以和平牡丹园为依托的兰州牡丹花会规模最大，从1990年开办以来，已吸引了省内外、国内外不少的观光客。

近年来，许多农家的市场经济意识也不断增强，他们不再让自家的紫斑牡丹完全是孤芳自赏，每到花季都要剪取一部分切花，送到附近县城或集镇销售。切花是在傍晚采剪的，按不同花色搭配成束后，第2天一大早就被送到市场，一般在早晨八九点钟便被销售一空。由于牡丹切花价格便宜，一般1元1束（2～3支），购买的人也很多。因此，牡丹插花也逐渐成了当地的一个新习俗，它为种植者带来了利益，也方便了因工作忙碌而无暇抽身去观赏牡丹的人们。

甘肃各族人民群众不仅嗜花成俗，而且常常用牡丹花比喻美好事物或表达心愿，给儿女取名，年轻人更用牡丹表示爱情。这在西北各地广为流传的民歌“花儿”中表现尤为突出。除了“花儿”外，牡丹已渗透到民族地区的民间工艺美术、房屋建筑、家庭陈设等各种生活环境中，成为人们文化生活不可缺少的组成部分。从甘肃夏河有“东方梵蒂冈”、“东方卢浮宫”之称的藏传佛教圣地拉卜楞寺内工艺精湛的酥油花（图6-35）和富有藏民族特色的宗教艺术珍品唐卡（图6-36），到临夏、临洮一带回族拱北中气宇轩昂、栩栩如生的木刻和砖雕（图6-37）；从喜庆节日时的窗花剪纸（图6-38），到平日里炕头的绣花枕头和姑娘喜爱的线荷包；从房间内摆设的箱柜、炕桌等家具什物的图案，到风景名胜建筑的雕梁画栋，到处都有牡丹花的身影。久负盛名的临夏砖雕中，更不乏以牡丹为题材的宏图巨构，如“玉堂富贵”、“富贵延年”和“富贵寿考”等。可以说，与民风民俗紧密结合，在甘肃紫斑牡丹产区形成的牡丹文化，更具有生活化和平民化的特征与群众基础，它既是以古都长安（今西安）和洛阳为中心形成的牡丹文化精神的弘扬与传播，又是当地各族人民群众发展与创造的结果，尤其在促进民族团结和文化认同中的积极意义很值得进一步探讨。

图6-34　亲朋欢聚盛花时，品茗饮酒论花事：这种牡丹为媒、亲朋相聚，已远远超出了单纯的赏花，成了一种民俗文化，盛行与传承在甘肃临夏、临洮与陇西一带，是牡丹文化深植于民心的体现与表达

6.4.2 紫斑牡丹与民歌“花儿”

欣赏紫斑牡丹以及体味牡丹文化，需要特别提到“花儿”。“花儿”是流传于甘肃、青海、宁夏及新疆部分地区的民歌，传唱者主要有汉、回、撒拉、东乡、保安、土族及部分藏族和裕固族。这种民歌因在歌唱中男方称女方为“花儿”，女方称男方为“少年”而得名。其内容与题材相当广泛，但牡丹是咏唱的主题之一。“花儿”演唱很有特色，或阳刚奔放，或阴柔委婉，或风流妙趣，无不渗透着各族人民群众历经苦难忧患和酸甜苦辣生活而练就的达观豪放的情怀。

在许多传统“花儿”歌曲中，牡丹是美的化身，爱的象征，歌的主旨。如果说花儿是各族人民的心声，那么牡丹就是“花儿”歌曲的魂魄。在甘肃紫斑牡丹集中栽培的临夏、和政、临洮和邻近的岷县及临潭一带，也是“河州花儿”、“洮州花儿”和“岷州花儿”广为流传的地方。男女对唱，山歌传情，是人们生活的一件快事。这里有许多传统的“花儿会”，其中临夏莲花山每年农历六月初一花儿会以其规模大、影响广而著名。在河州花儿曲牌中有《白牡丹令》、《绿牡丹令》、《牡丹花多栽下令》，更有长歌《十朵牡丹九朵开》、《十二月采花》、《十二月牡丹》等。许多歌词以花喻人，语言纯朴，感情真挚，反映了旧社会男女青年对婚姻自

图6-35(上)　酥油花是藏族人民的独特创造，经常用在佛事活动和重要场所中，工艺精湛、造型独特，其中牡丹酥油花最为常见（夏河拉卜楞寺）

图6-36(右)　牡丹作为一种文化载体，深深扎根在藏传文化之中，右两图为夏河拉卜楞寺艺术珍品——西方极乐世界唐卡和桑德结松三神像唐卡中的牡丹图案应用

图6-37　临夏砖雕和木雕作为一种建筑材料及装饰，在各种建筑中常用，它们既有独立的观赏价值，又与整体建筑浑然一体，以景托情，幽雅飘逸，具有强烈的生活趣味和极强的艺术魅力，回民房子的檐头、檩椽、砖墙、门窗、廊前等处，最常见的便是牡丹砖雕与木雕。左上为拱北及寺庙建筑中常用的彩绘木雕牡丹，左中与左下为牡丹木雕和砖雕装饰普通民居，右为牡丹砖雕装饰墙面

图6-38 临洮、临夏及周围地区常见的牡丹窗花，一般在装点节日、庆祝喜事时使用

由和纯真爱情的追求，也反映了各族人民对美好幸福生活的向往与企盼。保安族一首《十二瓣瓣的牡丹》唱道："大山背后山靠山，十二瓣叶叶的牡丹，我不怕王法铁绳链，只害怕我俩的路断。"听来感人肺腑，动人心弦。这类爱情主题的花儿常常追逐着时代的步伐而翻新，不断赋予新的含义。有的歌词写道："上去个高山望平川，平川里，开得最俊的牡丹；小康建设中比贡献，尕妹妹，挑了个拔尖的少年"；"两朵牡丹一条根，长的灿，花瓣（们）迭成了层层；两个身子一条心，好夫妻，你疼我爱的情深……。"

自然事物中最美的莫过于花朵，而牡丹是花中之王，艳冠群芳，以它的艳美引起了人们的审美情趣。牡丹美，花儿的丰富表现形式更使具体的审美对象深刻地反映出美的本质。洮州花儿歌手李廷栋演唱双套花儿"珍珠倒卷帘"的长歌《十二牡丹套古人》，把牡丹一年四季的表现与历史典故密切联系起来，深受群众欢迎，曾被披红挂彩，得到奖赏。下面我们再来细细品味一下洮州花儿中的一首《花的花儿》："杆一根的一根杆，尕妹是园里白牡丹；我合蜜蜂空中旋，有心飞到你跟前！""杆一根的一根杆，尕妹是园里白牡丹；摘者清水瓶里献，一天换水十五参①，阿么换水也不颇烦②！"莲花山的头一山，尕妹好比白牡丹；阿哥好比银红线，不要嫌我的颜色浅，我到白牡丹上缠两圈！""莲花山的头一山，我不嫌你的颜色浅，有心了到牡丹花上缠几圈。雪白的草帽十八盘，尕妹你的人干散③！一天割麦一百三，干活就合旋风转，活像一朵红牡丹。"

6.4.3 紫斑牡丹与科学、文化及经济交流

紫斑牡丹在国内外科学和文化交流中扮演着重要角色（见第1章）。在国家实施西部大开发、发展市场经济的形势下，以花为媒、广交朋友、发展经济的思路正越来越深入人心。如何开发和利用紫斑牡丹本身所拥有的巨大经济价值以及它所凝集的社会文化价值，为当地经济发展做出应有的贡献，是一个十分复杂、需要认真研究解决的问题。重视商品化生产，走产业化发展的道路，是最基础和紧迫的课题，也是促进紫斑牡丹良性发展的正确途径。

---

① "参"：次、次数。

② "阿么"：不论怎样；"不颇烦"：不嫌麻烦。

③ "干散"：麻利，能干，漂亮。

第7章 紫斑牡丹的育种

育种目标是品种改良的关键，对像紫斑牡丹这样育种周期长的植物来说，在很大程度上决定着育种的成败。紫斑牡丹的改良目标及方向应该充分突出和强调该品种群的优势和特点，结合国内外其它牡丹品种群的育种成就以及生产的实际需要加以确定，使其既具有前瞻性和可行性，又具有科学性和实用性。牡丹的育种经历了引种驯化、选择培育、亚组内近缘杂交、亚组间远缘杂交和牡丹与芍药组间杂交等不同的阶段（何桂梅，成仿云 2004），今后牡丹包括紫斑牡丹的育种概括起来主要集中在改良观赏品质的观赏育种与提高生产应用价值的功能育种两个方面，其方法除了要提倡使用传统杂交技术进行远缘杂交外，也要探索使用胚培养等现代技术在缩短育种周期和提高育种效率方面的应用。

7.1 育种的目标和途径

7.1.1 改良观赏品质

以改良观赏品质为目的的育种可称为观赏育种，主要包括花色、花型、花香及花姿等内容。紫斑牡丹虽然也包括了白、粉、红、紫、黑、蓝、黄、绿和复色等不同的颜色，但实际上主要集中在白、粉、红、紫等几种花色，而且除部分白色外，其它颜色往往不够纯正，因此丰富和纯化花色是紫斑牡丹花色改良的两个主要方面。借鉴欧美利用肉质花盘亚组的野生种杂交育种成就（成仿云1998），把大花黄牡丹、黄牡丹或者欧美已培育出的远缘杂交品种与紫斑牡丹杂交，在大量增加以黄色为基调的各种颜色的基础上培育纯黄、纯红、纯白和纯粉的品种，是实现紫斑牡丹花色改良的可行途径，通过努力完全可以实现。紫斑牡丹因花瓣基部变化多端的色斑而使单瓣和半重瓣类品种大放异彩，应继续加强对这类品种的选择，在单瓣型、荷花型和蔷薇型的基础上，注意花色、色斑及其与不同雌雄蕊颜色搭配后的综合效果，进一步突出紫斑牡丹的特色。而在重瓣类品种中，应以花型奇特为目标，继续培育类似‘玉狮子’、‘狮子王’、‘烽火台’和‘菊花白’等在其它品种群中很少见的奇特品种。

花香浓郁，花姿优美，花头直立，花朵盛开于叶丛之上都是紫斑牡丹的优良秉性，在今后育种中应予以保持。由于目前尚缺乏对牡丹花香的基础研究，如何改良似乎不能确定具体目标和措施，而花姿作为一种主要观赏性状，显然是以花色和花型为基础的。因此，紫斑牡丹观赏育种的目标应锁定在以种质创新为主的花色改良和花型优化上。

7.1.2 提高生产应用价值

以加强和提高紫斑牡丹生产和应用价值为目的的育种可称为功能育种，主要包括以扩大栽培应用范围为目的的抗性育种和以适应商品化切花生产和促成栽培为目的的专项育种。紫斑牡丹抗寒、耐旱、少病虫害，加之树体高大、寿命较长，在我国北方和其它国家一些较干旱和寒冷地区栽培应用的潜力很大，近年来在我国西北、华北和东北一些地区推广的结果已证明了这一点。然而在积温较低的寒冷地区生长良好的多为单瓣及半重瓣花，花色和花型需要进一步丰富。今后应该把向更寒冷地区推广为目的的抗寒育种列为首位，使紫斑牡丹的优势得到充分发挥。随着花卉业的发展，市场对牡丹切花和盆花的需求日见明显。紫斑牡丹长势强，当年生枝条较长，培育专用切花品种有着中原牡丹无法比拟的优势，这是今后育种的一个重要方向。另外，我们发现促成栽培中紫斑牡丹成花的难易程度也因品种不同而有较大差异，因此选育催花专用品种完全可行，这可以进一步提高紫斑牡丹的商品价值，促进生产发展。

7.1.3 远缘杂交与新技术应用

遗传多样性是大量产生品种的基础，紫斑牡丹品种群形成和发展过程中，由于中原牡丹种质的渗入，才导致了大量品种的产生（见第3章）。今后，开展紫斑牡丹与同属肉质花盘亚组的紫牡丹、黄牡丹、大花黄牡丹和狭叶牡丹等种类的远缘杂交，将有助于育种目标的实现。

中国牡丹育种长期以来一直主要局限在品种或品种群间进行，但在西方各国，芍药属自19世纪末法国人Delavay在我国云南发现紫牡丹和黄牡丹后，在欧美却揭开了牡丹远缘杂交育种的历史。它首先被引入法国与传统中国品种杂交，在1900年前后培育出了至今仍受欢迎的被称为Lenoine系的黄色系列品种；随后它又被引入美国，被有“现代牡丹芍药杂交育种之父”之誉的Saunders教授等人与日本品种杂交，经过20世纪的发展，现已有近百个品种面世（成仿云等 1998；Wister 1995）。这些品种不仅颜色组合十分丰富，使牡丹品种面貌大为改观，而且少数品种花期长达20余天（普通品种7～10天），在一定环境中可1年2次甚至3次正常开花（普通品种1年1次），充分表明了牡丹远缘杂交育种的前途光明。目前在欧美各国，除了这种革质花盘亚组与肉质花盘亚组之间的远缘杂交外，牡丹组与芍药组之间的远缘杂交已较为普遍，培育出了备受关注、被称为伊藤杂种（Itoh hybrids）的新品种（群），如‘Bartzella’和‘Garden Treasure’等。紫斑牡丹大多数品种的育性较强，且具有抗寒、抗旱、抗病和花繁香浓、花头直立等优良特性，因此开展远缘杂交的前景十分广阔。

紫斑牡丹与其它牡丹一样，胚（种子）萌发和幼苗生长都比较缓慢，用传统杂交技术培育1个新品种需十多年（成仿云，陈德忠 1998）。因此，如何缩短牡丹的育种周期，是包括远缘杂交在内的各种育种方法需要面对的问题。有研究表明，胚离体培养技术能够有效克服芍药和牡丹胚的休眠，促进幼苗提前形成（Buchhem and Meyer 1992; Zillis and Meyer 1976）。著者曾成功离体培养了中国、日本牡丹的杂种胚（图7-1），已获得了完整植株，并发现通过胚培养获得的5～6个月的幼苗，其生长发育的程度与通过种子萌发形成的2年生幼苗相同，主要表现在幼苗的茎明显伸长（成仿云等 2000，未发表）。最近，在紫斑牡丹离体胚培养中，我们也取得了初步成功。在1种有着与牡丹相同的种子休眠特性的小木本观赏植物中发现，从胚培养获得的10个月的幼苗，可与种子萌发形成的2年生幼苗相比，而且在生长两年后，前者的生长量和高度分别是后者的13.4倍和4.7倍（Chan and Marquard 1999）。因此，离体胚培养显示出的使幼苗提前形成和生长明显加快，对缩短包括紫斑牡丹在内的牡丹育种周期有更为突出的重要意义，应该进行研究和应用。另外，紫斑牡丹花粉二型性现象、胚胎发生早期的多胚现象（成仿云 1996）以及从成熟胚容易诱导出胚状体（图7-2）等，均预示着现代生物技术在其品种改良和改进育种技术方面的巨大潜力，值得进一步深入研究。

图7-1 牡丹杂种胚（‘芳纪’×‘层林尽染’）离体培养4个月，幼苗形成，茎明显伸长

图 7-2　从紫斑牡丹离体胚上诱导的胚状体（A）(箭头)、胚状体苗（B）及移栽成活的胚状体苗（C）

7.2 有性生殖与杂交授粉

7.2.1 有性生殖过程及其特点

杂交是牡丹育种的主要方法，了解有性生殖过程及其特点对于杂交育种是十分必要而有益的。我们的系统研究提供了有关紫斑牡丹有性生殖的详细资料（成仿云 1996、1998、2000；成仿云等 1999）。

7.2.1.1 花药与花粉发育的过程及时间进程

（1）花药的发育　早春随着花芽萌动，内部圆球状的雄蕊原基首先伸长形成一种柱状结构（图 7-3），其顶端转化为花药原基时进一步形成花药，而在重瓣品种中，绝大多数迅速侧向扩展形成了花瓣，即雄蕊瓣化。因此，柱状原基时期实际上是决定雄蕊是正常形成花药还是瓣化的临界期，易受水肥及温度等外界因素的影响。

花药经过复杂的发育过程，成熟时由4个相同的花粉囊构成，每个花粉囊由外向内依次由表皮、药室内壁（1 层）、中层（3～4 层）和绒毡层（1～2 层）组成的花药壁层细胞包围着中央的花粉母细胞构成（成仿云 2000）。绒毡层属分泌型，在花药壁形成过程中与花粉母细胞同源；药室内壁在单核小孢子晚期径向壁次生壁加厚形成纤维层；中层中最内 1 层退化较早，但外面的 1～2 层常与药室内壁细胞同步出现次生壁加厚，并在花药成熟时宿存。

（2）花粉发育　花药在长 0.7～1.0 cm 时内部进行减数分裂，在单花内共持续 10 天左右，其胞质分裂属同时型。小孢子在四分体中呈正四面体形排列，被释放到花药腔内后，经过单核早期、单核晚期、第 1 次有丝分裂期、2- 细胞早期和 2- 细胞晚期 5 个连续阶段发育成熟。成熟花粉内贮藏了大量营养物质，生殖细胞呈两端锐尖的长条形，并常向一侧弯曲，呈半月形“围抱”着中央的营养核（图 7-4）。

图7-3(下左)　紫斑牡丹的雄蕊正常发育或瓣化的临界期——柱状雄蕊原基

图 7-4(下右)　紫斑牡丹的 2- 细胞晚期花粉、即成熟花粉形态

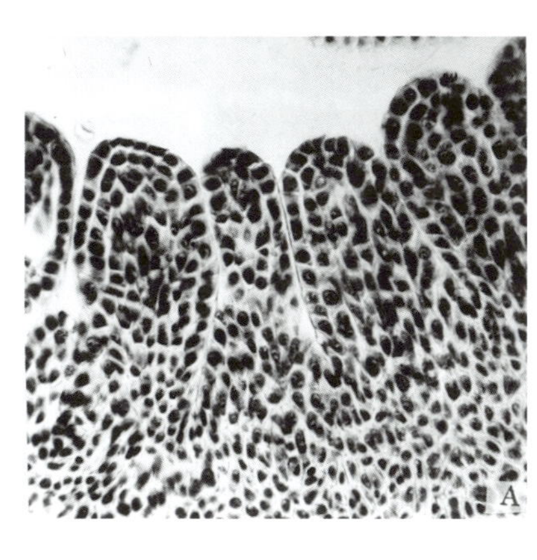

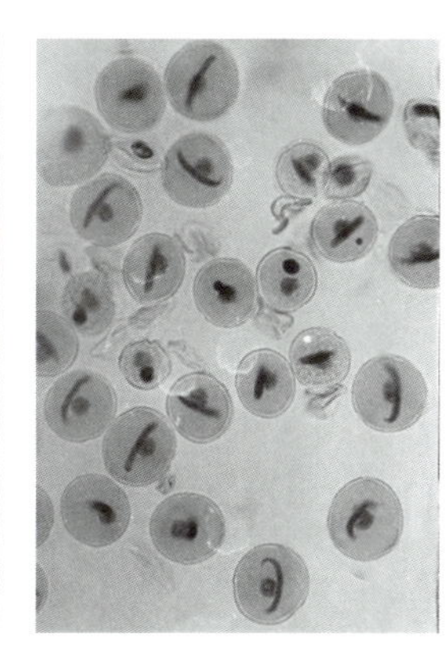

（3）花药与花粉发育的时间进程　了解花药和花粉发育的时间进程及相关性，对进一步理论研究和生产管理都有一定意义。据在甘肃兰州对紫斑牡丹‘玫瑰洒金’的观察，早春雄蕊原基发育与花芽萌动生长同步启动，从植株萌动到开花大约需要 70 天。萌动 20 天后花药发育开始，再经过 20 天便形成了花药壁层和花粉母细胞，随后小孢子发生减数分裂及单核小孢子发育需10天左右，可见花药发育早期较缓、后期较快（图 7-5）。

7.2.1.2 胚珠和胚囊的发育

球形的雌蕊原基经过冬季休眠，春天随植株生长开始发育。

首先伸长形成柱状结构，接着向两侧扩展形成心皮，再进一步分化出子房、花柱和柱头，构成雌蕊。胚珠原基是在腹缝线两侧均匀产生的。经过分化、发育、形成了珠心、珠被和珠柄等胚珠的基本结构（图7-6），再进一步经过胚珠生长期的弯生生长，成为典型的倒生胚珠（图7-7）。其珠被两层，外珠被较厚；珠心属厚珠心类型，珠孔端具有珠心冠原，合点端为大孢子母细胞区，中央为细胞径向排列的中央细胞区，周围为普通薄壁细胞区（成仿云 1996）。每个胚珠中大孢子母细胞的数目不固定，随着减数分裂不断发生着变化，最后常有1～3个大孢子母细胞能发育形成胚囊。胚囊发育为蓼型，在开花当天，同一子房内不同胚珠中胚囊发育可以处于从四核到七细胞八核的任何阶段，而且即使处于七细胞八核的阶段，卵细胞和助细胞在形态上也都无极性，细胞质均匀、细胞核位于中央，表明胚囊没有成熟。在开花后1～2天内，胚珠内延迟发育的胚囊退化消失，宿存的1～3个胚囊的发育则趋于同步，卵细胞和助细胞在形态上出现极性。到开花后3天时胚囊做好了受精的一切准备，胚珠基部的假种皮及雌蕊的柱头也都大量分泌黏液，标志着胚囊、胚珠和雌蕊同时成熟（成仿云 1996）。

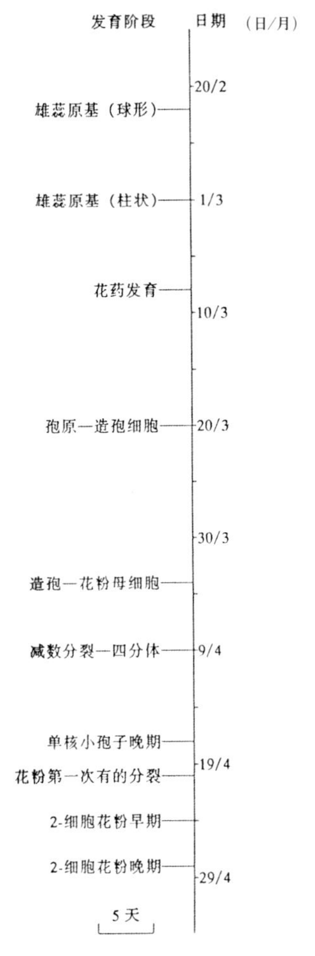

图7-5　紫斑牡丹花药和花粉发育的时间进程及相关性（1993年在兰州观察，品种为'玫瑰洒金'）

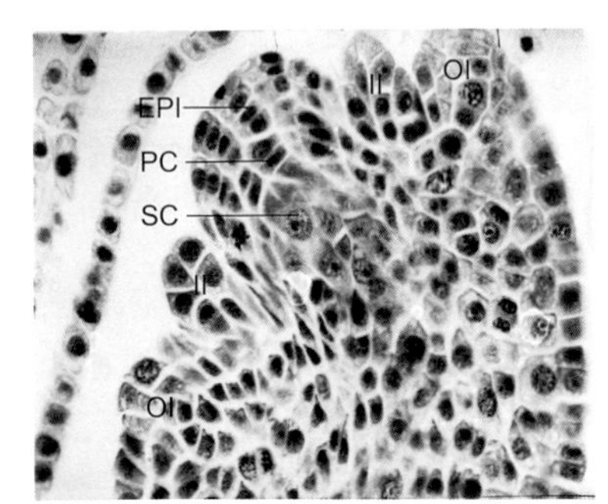

图7-6　器官分化完成的紫斑牡丹胚珠结构（EPI：珠心冠原；PC：边缘细胞；SC：造孢细胞；II：内珠被；OI：外珠被）

7.2.1.3 开花传粉与受精

紫斑牡丹在甘肃各地每年4月底到5月中下旬开花，花期因不同年份早春温度不同而略有变化，但单花开放的过程都可分为初开期、盛开期和谢花期3个时期。初开期是指花蕾破绽露色1～2天后，花瓣微开的过程，一般单瓣品种1～2天，重瓣品种3～4天。此期花药成熟，但雌蕊尚未成熟，因而为异花授粉创造了条件。盛花期花瓣完全张开，花型、花色充分显示，花香飘逸，一般持续3～5天。此期间散粉结束，雄蕊已干枯而柱头表面和子房内大量分泌黏液，标志着雌蕊成熟，是授粉的最佳时期。谢花期是指花瓣凋萎脱落的过程，同时柱头开始萎缩，雄蕊脱落，一般单瓣品种从开花后第5天，重瓣品种在第7～9天开始发生。这样，单花花期一般为7～10天，而群体花期可达20天左右。雌雄蕊异熟虽然保证了异花传粉，但是人工授粉的结果表明不同品种的自交结实率为2%～18%，单瓣品种明显高于重瓣品种，但比自然杂交低得多（李嘉珏等 1997）。表明紫斑牡丹以异花授粉为主，但自交是亲和的，只不过自交时的育性大为减弱。

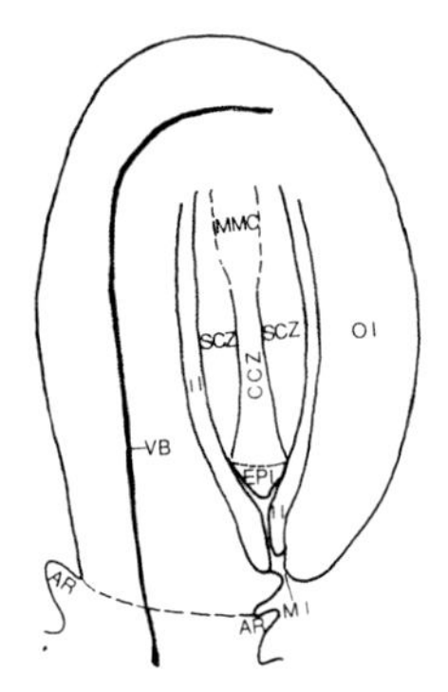

图7-7　紫斑牡丹倒生胚珠的基本结构（AR：假种皮；CCZ：珠心中央细胞；EPI：珠心冠原；II：内珠被；MI：珠孔；MMC：大孢子母细胞区；OI：外珠被；SCZ：珠心周围细胞区；VB：维管束）（成仿云 1996）

紫斑牡丹花大色艳、气味浓郁，是典型的虫媒花。传粉者主要以甲虫类、蜂类为主，蝇类为辅，其活动受天气影响较大，阴雨天昆虫活动很少，甚至停止。花粉在授粉后立即萌发，2～3h内花粉管便从珠孔进入胚珠，通过助化助细胞释放出两个精子完成双受精。显微观察时，受精作用发生在开花后3～6天内，基本上与盛花期重合（成仿云 1996）。因此，盛花期不仅是观赏紫斑牡丹的最佳时期，也是雌蕊成熟、进行杂交授粉的关键时期。

7.2.1.4 种子的发育

紫斑牡丹的结实能力很强，即使高度重瓣的品种，只要存在正常的雌蕊，就都可以产生种子。成熟种子由胚、胚乳和种皮3部分组成（图7-8）。胚的高度仅为种子的1/3，位于种子（胚乳）中央一端；胚乳脂质，占据种子绝大部分；种皮坚硬，革质。

胚源于卵细胞受精形成的合子，在开花后4～5天时开始分裂，由于核的分裂并不伴随着

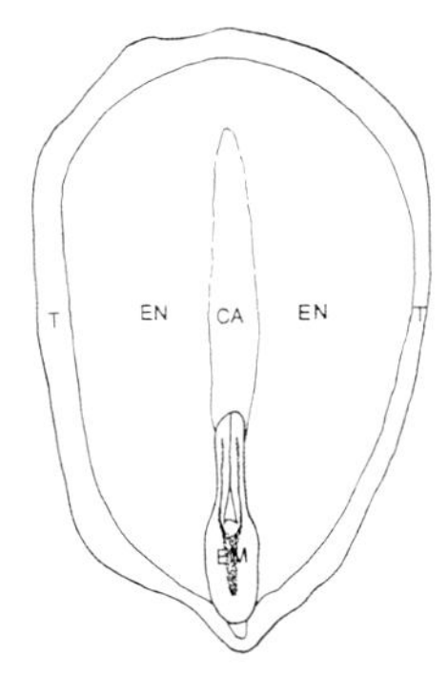

图7-8 紫斑牡丹成熟种子的构造（CA：胚乳中央的裂腔；EM：胚；EN：胚乳；T：种皮）（成仿云 1996）

胞质分裂，结果形成游离核原胚。在原胚从胚珠合点端开始向珠孔端细胞化，形成一层完整的胚细胞后，不断向心增加细胞层，直到开花后1个半月左右（48天）时，在合点端及其两侧部分形成的许多大小和形状不同的突起即胚原基，它们迅速发育形成球形胚，然后按一般双子叶植物胚发育过程，经过心形胚和鱼雷形胚阶段后完成器官分化，最终在开花后4个月时成熟(图7-9)。可见，紫斑牡丹与其它芍药属植物（Yzkovlev 1957；Cave等 1961；母锡金等 1985）一样，种子胚并不是合子直接发育的结果，而是由合子形成的游离核原胚，在细胞化后表面的少数细胞分化产生的，在某种程度上类似一种无融合胚。每个胚珠内可产生3～7个球形胚，但最后通常只有1个能够发育成熟，其余的相继退化，因此种子成熟时常常只有1个胚，不过在少数情况下1个种子内也会有两个胚都发育成熟，并能萌发形成双胚苗(图7-10)。

胚乳发育从初生胚乳核分裂开始，是典型的核型胚乳，在经过游离核阶段、细胞化阶段和生长、成熟阶段后，于开花后85天左右在胚成熟之前成熟（图7-11)。紫斑牡丹胚乳含油量较高，种子油中含有大量的营养物质（表6-1)，显然它们都是来源于胚乳组织。在种子发育之初内珠被退化消失，因此种皮是由外珠被单独形成的。紫斑牡丹的外珠被高度发达，当胚乳增大并与其相接触后，内侧细胞便不断被胚乳吸收，最后仅留下数层细胞形成了种皮。

果实和种子的发育是与种子内胚和胚乳的发育相协调的。在胚乳成熟1个月左右后胚才完全成熟(图7-11)，此时正值8月上旬或9月上旬，蓇葖果已变黄、变干，并从中央腹缝线处开裂，种子由最初的乳黄色经过棕褐色转变为黑色。每个蓇葖果内含种子3～11粒，数量少时种子体积较大、呈近圆球形，数量多时种子体积较小，由于互相挤压呈扁平状球形。千粒重为280g左右，1kg种子约3 500粒。

7.2.2 杂交授粉

7.2.2.1 亲本选择

杂交亲本的选择要以实现品种改良即育种的目标为前提，同时要充分保证杂种后代可能出现的种种变化，保证新品种在具有株高、长势强和具色斑等紫斑牡丹固有特征的基础上得到改良。初步研究发现，紫斑牡丹的花色、花型、株高、株型和叶型等性状均受母性遗传较大（李嘉珏等 1999)，以其为母本杂交是该品种群特色不变的重要保证。杂交父本可以选用紫斑牡丹品种（品种群内杂交)，中原或日本牡丹品种（品种群间杂交)，美国或法国杂种或肉质花盘亚组的野生种（远缘杂交)。其中应首选远缘杂交，它是紫斑牡丹种质改良的有效途径，可极大地丰富其花色。其次是选择中原牡丹或日本牡丹中花色或花型特色鲜明的品种，而紫斑牡丹品种间的杂交在未来改良观赏品质上的贡献可能是有限的，而在提高生产应用价值即功能育种方面仍然有潜力可挖。

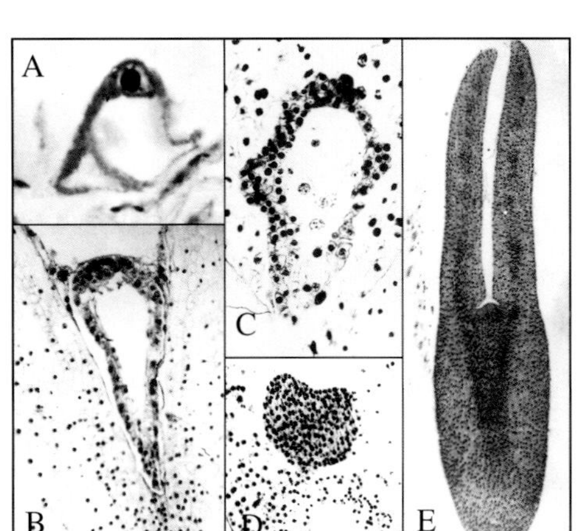

图7-9(左) 紫斑牡丹的胚胎发育（A：合子；B：游离核原胚细胞化；C：胚原基产生；D：心形胚；E：成熟胚）

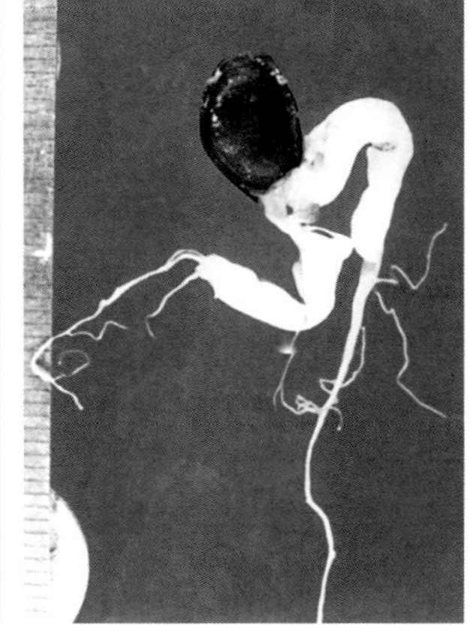

图7-10(右) 紫斑牡丹双胚苗，注意子叶尚未从种皮中完全脱出（成仿云 1996）

7.2.2.2 人工杂交

（1）母株选择　选择生长健壮的成年期植株，并在前一年就应加强水肥管理，促进花芽充分分化和发育。在立蕾后，及时疏去株丛下部的花蕾及侧蕾，仅保留最健壮的顶花蕾继续生长作为授粉花朵，以便集中养分，保证授粉后种实的发育。

（2）套袋　可在破绽期或初花期进行，由于紫斑牡丹为雌雄蕊异熟，因此没有必要去雄，但是套袋的大小要以不影响花瓣张开为度。为了后期操作方便以及防止花粉污染，也可在初花初期去除花瓣和雄蕊后再套袋。套袋可用透明的硫酸纸制作，其上用针扎一些小孔通风透气，袋口

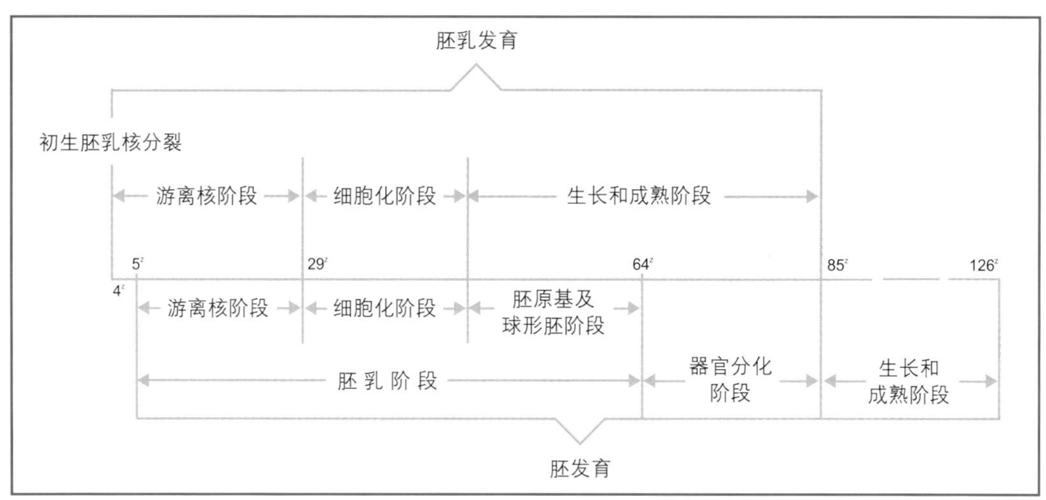

图7-11 紫斑牡丹胚和胚乳发育的时间进程（^{Z}开花后的天数）（成仿云等 1999）

要用棉线或回形针扎紧并固定在花梗上，以免昆虫进入和被风吹落。

（3）花粉采集及贮藏　在破绽期至初花初期剪下花朵，在室内除净花瓣、花萼及叶片后，放在干净的硫酸纸、白纸或培养皿上，于阴凉通风处自然干燥。当绝大部分花药开裂散粉时，轻轻抖动花头，收集花粉，分小袋包装后放入盛有硅胶等干燥剂的密闭塑料袋或广口瓶中，置于4～10℃冰箱中贮藏保存。最好能尽快授粉，贮藏时间较长（10天以上）时，杂交前应通过花粉萌发试验确认其生活力，以保证授粉效果。

在牡丹杂交育种中，经常会遇到父母本花期不遇的情况，解决这一问题的最好方法是在同一地区或附近地区不同气候（海拔）条件下，分别种植杂交亲本，这样不同花期以及不同种源之品种的花期会相互交叉，给杂交带来方便。也可以通过促成、抑制栽培，改善生长环境，促使雄蕊花期提前或推后，以便减少花粉贮藏时间，提高杂交授粉的成功率。

（4）授粉　在盛花期柱头大量分泌黏液时，每天于上午10：00之前（此时柱头上黏液新鲜、充分）授粉1次，连续重复3天共3次。具体方法是取下套袋，用药用棉签蘸取花粉，均匀涂于柱头表面，然后再重新套好袋即可。有时用手指直接蘸取花粉授粉也不失为一种简便的方法，但是一定要洗净手指，谨防父本相互污染。

（5）授粉后管理　在授粉3～5天后柱头干燥、表面黏液硬化时可尽早去除套袋。然后观察和加强日常管理，防止病虫害及人为对母株的破坏，当果实和种子发育到一定程度时，适时采收。

（6）杂交档案建立　仔细记录杂交授粉的每一个环节，建立工作档案，是杂交育种工作的一项重要内容，一定要认真对待。记录内容包括：套袋时间、花粉采集或贮藏时间、授粉日期以及父母本名称、杂交种子收藏日期及数量等，其中在套袋时还要在母株上挂上标签，标明杂交组合编号和父母本名称，以防止混杂。

7.2.2.3 自然杂交

直接收集天然授粉的种子进行实生苗选育，在甘肃各地有着悠久的历史，曾在紫斑牡丹育种和发展中发挥了重要作用。紫斑牡丹为异花授粉植物，不同品种在一起自然生长时很容易发生自然杂交，但前提是自然花期相遇，这实际上就限制了许多不同花期优良品种间的杂交。因此，利用自然杂交选育新品种虽然简单易行，但是由于种源有限，选育出优良品种的几率很低，故不宜提倡。

7.2.2.4 人工混合杂交

指不确定父母本，只按种源即不同品种（群）甚至不同种采集混合花粉进行人工授粉的方法。它介于人工杂交与自然杂交之间，由于花粉是根据育种目标专门收集，同时通过贮藏等手段，使原本花期不遇的种源之间可以进行杂交，再加上混合授粉的授粉量大，杂交结实的机会多。具体做法是在初花期大量采集不同品种花粉，均匀混合后干燥贮藏，在母株雌蕊成熟即柱头分泌黏液时连续授粉 3 天，每天 1 次。这种方法虽然简单，但是它的栽培及选育工作量极大，没有一定栽培规模收效不会太理想。

7.3 新品种选育

7.3.1 新品种选育

杂交种子适时采收后要立即播种（见第 5 章），选择水肥管理方便的优质土壤，或建立专门的苗床作为杂种育苗圃。对人工杂交，尤其是远缘杂交获得的种子，一定要进行播前处理，精心管理，并建立详细种植档案。如播种得法，一般在翌春便可出苗，如果不出苗，也要继续精心管理，耐心等待。由于种子期为1~3年，如第3年还不出苗，则表明种子死亡或无萌发能力。

幼苗留床（圃）生长 2 年后可移植，按 40cm × 50cm 的株行距分栽，建立优良单株选育圃。再经过 2～3 年生长后开始开花，即可进行单株优选。开花第 1 年进行初选，做好挂牌登记工作；第 2 年复选，详细记载各种性状特征，第 3 年或第 4 年再复选 1 次，核对和详细记载各种特征，认真填写品种登记表（表 8-1），以备查阅。

复选单株可视其为待选品种，在秋季再次移植，集中在品种圃中，同时结合移植，根据植株情况通过分株、嫁接等方法迅速建立无性繁殖系，保证使每个待选品种数量达 5～10 株。它们再经过 3～4 年生长时，会稳定表现其开花及各种性状，这时可以通过反复分析，按照选育新品种标准进行决选，把那些真正品质优良的品种选出来，对其各种性状进行全面细致的描述与登记，作为新品种予以命名发表和公布。这样，从播种育苗到植株开花，经过初选、复选和决选后，培育出一个紫斑牡丹新品种至少需要 10～12 年，确实是一个需要耐心和决心的过程。

7.3.2 新品种的命名

一个好的、合法的名称是成立品种的基本条件。命名犹如画龙点睛，使人听之能自然联系到品种的特征、形象及寓意，反映出培育品种的时代气息和地域特色；合法则能使品种能够更广泛和长久的流传和应用，在科研和生产中发挥更大作用。关于牡丹品种命名，早在宋朝欧阳修就在《洛阳牡丹记》中总结道“牡丹之名，或以氏，或以州，或以地，或以色，或旌其所异者而志之。”这种以纪实、象形为主的命名方法，奠定了我国牡丹品种命名的基础，今天我们仍然应该坚持，并在充分反映先进文化和现代文明与科学发展成就的基础上予以发扬光大。具体一点讲，牡丹新品种命名要在继承传统和习惯的基础上，按照《国际栽培植物命名法规》（*International Code of Nomenclature for Cultivated Plants*）（Trehane 等 2003）以及中华人民共和国《植物新品种保护实施细则（林业部分）》等有关国内外法规与文件的要求进行。命名首先要科学、合法，然后才是悦耳动听、符合习惯等。据此，这里结合多年的实践和体会，就牡丹新品种命名中的常见问题和应遵循的原则，提出一些看法：

第一，一个品种是形态和性状一致、稳定，有明显区别特征的栽培植物群体，因此单株不是一个品种。当发现优良牡丹单株后，首先要作为一个无性系进行繁殖，当群体性状表现稳定时才可命名。

第二，要仔细查阅和掌握现有以及已经使用过的牡丹品种名，以避免重名。依据文献要以古代牡丹专著和现代正式出版物为主，苗圃目录、报纸、非正式出版物以及只有名称没有特征描述的出版物，均不能作为依据。

第三，品种名称一要简练、通俗，避免用同音（或近似音）或生涩之字，一般以2～3字为准，最多不要超过5字；二要名副其实，确切、形象并突出反映品种的特色，如‘玫瑰洒金’、‘玉壶冰心’；三要雅致动人、富有诗情画意，能激发人的联想和美感，如‘紫蝶迎风’、‘日月同辉’；四要注意地域文化特色，尊重传统习惯及育种者的意愿，如‘陇原壮士’、‘理想’；五要体现先进文化，避免封建意识、政治术语及夸大其词。

第四，严格按照《国际栽培植物命名法规》要求，做到有效命名。品种名称始终要用单引号，要在正式出版物上发表。临时或内部刊物发表，或只发表品种名不发表描述不能使命名有效。通过国际登录机构及登录权威或有关品种审定和登录的权威机构进行登录发表，是有效命名的简捷途径。芍药属（*Paeonia*）的国际登录权威是曾美国牡丹芍药协会的Greta Kessenich女士，现为Reiner Jakubowski（624 Pineride Rd., Waterloo, ON Canada N2L 5J9）。

第五，国际发表或登录时，要把汉语拼音名字作为第一合法名称，其后可以附英文名称作为合法异名，如‘Shu Sheng Peng Mo’（‘Scholar Holding Ink’）和‘Hong Xian Nü’(‘Red Line Lady’)等（成仿云 1994）。

7.3.3 新品种保护和推广

当一个新品种育成后，保护和推广是保证育种者权益和该品种能服务于社会的相辅相成的两个方面。新品种保护有两层含义，其一是对品种名称准确性及其名称正确使用的保护。方法之一是要把品种正式发表的拷贝送交该种类的国际品种登录权威（International Cultivar Registration Authority，ICRA）和有关主要的图书馆，如有可能可把该品种命名模式标本送到就近的标本馆，这样便可有效防止新品种以后被重新命名。方法之二是要始终清晰而精确地为每个植株挂标签，这是保护品种准确的最有效途径。要确保大家能广泛使用你的新品种，但是不要鼓励别人杜撰商品描述或者起别的销售名称。这样就保证了该品种的品牌性，不致引起太多的混乱。

新品种保护的第二层含义是指对育种者或品种拥有者“育种者权利”的保护。这是知识产权保护的一种形式，是由育种者按规定向有关部门申请后获得的利用其品种的独占权利。我国于1997年颁布实施了《植物新品种保护条例》，1999年又签署了《国际新品种保护公约》，成为国际植物新品种保护联盟（UPOV）的第26个成员国。我国有关花卉新品种权的申请由国家林业局科技司承办。

牡丹不仅育种周期长，而且生长缓慢，繁殖较为困难，因此新品种推广应用也较为缓慢。如果仅保护新品种的准确应用，育种者的权益尤其是生产和应用该品种时的经济利益就得不到很好的体现；如果强调育种者品种权的保护，必然会使该品种的推广应用受到限制，最终总体上降低育种效益。1994年我们在国际登录的‘书生捧墨’等10个紫斑牡丹新品种（成仿云 1994），已被列入美国牡丹芍药协会1986～1996年品种登录名录中，并在国际范围内得到了一定传播。但是由于繁殖生产跟不上，至今也没有使这些备受西方爱好者青睐的新品种得到普遍应用。陈德忠于2000年向国家林业局申请了‘雪海冰心’等14个紫斑牡丹品种的品种权，同样由于生产繁殖和推广应用的力度不够，至今没有收到应有的效益。所以，像紫斑牡丹这样繁殖较难的植物新品种，应该加强上述第一个层面的保护，也就是说要在加强推广应用的同时，保证品种的准确性和品名的权威性。对于一些繁殖问题得到解决（如组培繁殖成功），或已积累了很大规模的种苗数量的品种，进行品种权的保护才十分必要。我们编著本书的初衷之一，也就是要通过推动紫斑牡丹的推广和应用，来保护甘肃紫斑牡丹的准确性和权威性，即上述第一层面的保护。

第8章 紫斑牡丹的品种整理

栽培植物在交流和贸易过程中，名称的统一是个十分重要的问题，国际园艺学会(International Society for Horticultural Science, ISHS）及其所属国际命名与登录委员会(Commission for Nomenclature and Registration)在世界范围内建立的品种登录体系，在这方面发挥着非常重要的作用。牡丹作为一种栽培历史悠久的国际化花卉，品种整理及其名称统一始终受到各国的普遍重视。1904年美国牡丹芍药协会(American Peony Society, APS)成立的主要目的和首要任务之一，就是要推动品种整理和修订，统一和规范品种名称与描述。正是通过整理和修订老品种，以及随之建立的新品种命名、登录制度，使APS逐渐在这一领域具有国际权威性，被ISHS指定为芍药属(*Paeonia*)新品种国际登录权威(International Registration Authority for Peonies)，全面带动和促进了美国和欧洲各国牡丹、芍药的发展（Wister 1995；成仿云 1997）。日本牡丹协会最重要的成果也是通过编辑出版《现代日本牡丹芍药大图鉴》，对日本现有品种进行了盘点（桥田亮二 1990）。中国是牡丹的原产地，也是品种资源最丰富、栽培规模最大的国家，尤其是异地同时不断培育新品种，品种及名称混乱在所难免，名称的统一和品种整理一直受到重视。

8.1 品种整理的必要性与重要性

20世纪60年代以后，喻衡教授以菏泽牡丹为主，对菏泽、洛阳和北京等地的中原牡丹品种进行了整理和研究（喻衡等 1962；喻衡 1980、1982）。1989年中国牡丹芍药协会（后改中国花卉协会牡丹芍药分会）在牡丹名城洛阳成立，随即开展了全国性的品种整理工作，提出并制定了《中国牡丹芍药品种审定登录办法》，试图使我国牡丹、芍药逐渐向规范化发展。这些工作带来的最重要成果，就是对我国牡丹品种和栽培格局的新认识，即中国牡丹已形成中原牡丹、西北牡丹、江南牡丹、西南牡丹等不同的品种群（王莲英等 1997；李嘉珏等 1999），以及《中国牡丹品种图志》的出版（王莲英等 1997）。但该《图志》仅仅收录了作为中国牡丹传统代表和栽培主力、在菏泽和洛阳等地有良好基础的中原牡丹。而对西北牡丹等其它品种群，由于基础资料相对缺乏，品种整理工作需要建立在更多的调查、观察和研究的基础上，也已引起了牡丹界和花卉园艺界的高度重视。近年来，全国各地又新发现了许多牡丹栽培比较集中、规模较大的地方，加上早已发现、但没有进行品种调查和整理的，使我们深深感到中国牡丹的品种实际家底远远要比有文献记载的多得多，品种整理是一项任重道远的工作。

8.1.1 紫斑牡丹的现状及品种整理的急迫性

紫斑牡丹即西北牡丹品种群的栽培历史十分悠久，但是对其品种进行整理、记载和研究始于20世纪80年代以后。李嘉珏1981～1986年深入调查记载74个品种，开紫斑牡丹研究之先河（李嘉珏 1989）。兰州和平牡丹园陈德忠自1968年开始收集、栽培紫斑牡丹，并选育出了许多新品种（成仿云，陈德忠 1998），其中有10个在国际登录中心登录（成仿云 1994），有相当一部分已得到国内外公认并流入市场，还有一部分需要进一步观察和筛选。1991～1993年，甘肃临洮县花卉协会的边宇民、袁海赢等人在临洮县及其周边的和政和康乐等县进行了连续3年的调查，详细观察和记载了116个品种（未发表材料）。甘肃临夏州林业种苗站自1992年以来，在临夏回族自治州所属八县（市）的近100个乡进行了广泛调查，共整理出70个品种（未发表材料）。成仿云1990～2002年间，先后数十次到临洮、临夏和陇西等地调查紫斑牡丹传统品种，并参与和平牡丹园新品种选育工作，比较系统地整理了紫斑牡丹品种。然而，对该品种群栽培中心周围的甘肃天水、武山、漳县、岷县、渭源和通渭、定西及榆中等地的传统品种尚无人调查整理，对甘肃周围的青海、宁夏和陕西等地的品种更缺乏详细了解。

经过长期深入细致的调查研究，我们发现紫斑牡丹这一举世公认、有可能会给我国牡丹产业注入活力和带动地方经济发展的重要种质资源，正处在一个不进则退的关键时期，迫切需要通过品种整理这一基础工作带动育种、栽培和商品生产的发展。这是因为：

（1）品种名称十分混乱　传统紫斑牡丹集中栽培区的甘肃临夏、临洮和陇西等地地域相连，品种赖以形成的种质基本相同。由于地区间缺乏交流，地域文化差异最终造成牡丹品种同物异名和异物同名现象严重：同一品种在不同地方名称不同；一些新品种培育者及命名者不了解和掌握已有品种的情况，重复命名导致同物异名；原有品种失佚时，用类似品种顶替造成异物同名；借用中原牡丹品种名称或古代花谱中的名称，等等。

（2）资源损失严重　甘肃紫斑牡丹长期处于封闭状态，资源保存相对较好。然而，随着它在国内外影响的不断扩大，市场需求急剧增加，大家争相引种、购买。但是，由于紫斑牡丹在当地一直是一种孤芳自赏式的休闲栽培，商品生产严重滞后于市场需求，结果只能出售长期积累下来的种质资源。大批50～60年生、甚至百年以上的老牡丹树，常常树高达2m多，满树繁花，蔚为壮观，每年都被作为商品卖掉，十分可惜的是其中大多数因移植不当或对引种地气候不适应等原因而死亡。这些长期保存下来的老牡丹树，其实都是一些观赏价值很高的优良品种，是当地一些老百姓家世代相传的“传家宝”，在严格意义上讲已是古树名木，应当在国家保护范围之列。但是，它们经不住市场经济的冲击，当被作为廉价商品卖掉时，其实是使一些珍贵品种资源在产地流失或灭绝，造成了不可挽回的损失，应该引起当地有关部门的高度重视！

（3）产地和知识产权优势受到挑战　为满足国内外市场需要，我国菏泽和洛阳的牡丹生产者已开始利用他们成熟的商品繁殖技术生产甘肃紫斑牡丹，但是由于品种的源头不清，加之没有原产地优势，给生产和开辟市场带来了不可逾越的障碍。在美国、英国和欧洲其它一些国家，一些苗圃不仅把生产、经营甘肃牡丹作为发展方向之一，而且还用甘肃牡丹资源开始培育新品种，实生苗种植已有一定规模（图1-16）。如果再不对紫斑牡丹品种进行及时整理，并通过国际公认的渠道合法发表，涉及类似品种命名培育的知识产权有可能旁落他人，使甘肃的产地和知识产权优势受到挑战，会对中国牡丹业的发展产生消极影响。

（4）商品生产发展的需要　甘肃紫斑牡丹的生产栽培方式落后，以往品种扩繁主要是为了满足友人和同行者之间有限交流的需要。随着市场经济的发展和对外开放程度的不断加深，商品化生产是甘肃紫斑牡丹发展的必经之路。而对于任何一种花卉产品来说，商品生产的基础都是品种，这应该是品种整理工作最现实的意义和最迫切的需要所在。

8.1.2 紫斑牡丹品种整理意义重大

（1）为紫斑牡丹商品化奠定基础，带动甘肃花卉产业发展　运用科学方法和统一标准，通过全面调查和整理，弄清紫斑牡丹品种资源的家底，掌握它们在国内外同一领域内所处的地位，就可以科学制定发展规划，有的放矢地开发利用。实现商品化和产业化，是解决紫斑牡丹发展面临的许多问题的必经之路，品种是产业化发展链条中的基础环节，品种整理则是基础中的基础。紫斑牡丹和球根花卉是甘肃花卉业发展的两个车轮，目前甘肃紫斑牡丹已在国内外有较大影响，发展潜力明显，如果能够走上商品化、产业化的发展道路，必然会带动甘肃花卉业的大发展。

（2）为中国牡丹业注入活力　由于牡丹已经成为一种国际化花卉，日本和欧美国家都在迅速发展（成仿云 2002），给中国牡丹产业发展形成一种巨大的竞争压力。秉性优良的紫斑牡丹无疑将在一些方面给中国牡丹注入活力。如抗性强使牡丹的栽培应用范围更广，变幻多端的紫斑使牡丹的观赏价值更高，生长旺盛、长而挺直的花梗使牡丹的切花生产有了更大希望。然而，只有通过品种的整理和研究，才能使这些优点逐渐在生产中固化和落实，在促进中国牡丹整体发展中发挥应有的作用。

(3)发挥特色、形成品牌　甘肃紫斑牡丹除了种质特色外，还具有明显的地域特色，以学术研究为基础的权威性品种整理工作，可以直接有效地把种质资源优势和产地优势转化为一种品牌或知识产权优势，从而更持久地发挥作用。

(4)促进民族交流与团结　甘肃紫斑牡丹栽培分布中心是一个多民族聚居的地区，牡丹作为民族团结的纽带，不仅受到各族群众的普遍喜爱，而且已经影响了当地的民俗、民风，是博大精深的牡丹文化生根开花的结果。通过丰富多彩的紫斑牡丹，可让更多的人进一步了解牡丹在我国各族人民心目中的地位，凝聚民族精神，促进社会繁荣发展。

8.2 品种性状记载的内容及标准

规范品种性状记载的内容、标准及术语是品种调查和整理的前提，必须在对品种生物学特性和园艺性状科学研究的基础上进行。在总结多年育种实践和调查研究工作的基础上，我们参照中国牡丹芍药协会有关中原牡丹品种形态记载标准（王莲英等 1997）和美国牡丹芍药协会牡丹、芍药新品种登录表的内容，对紫斑牡丹品种记载的内容、标准及其术语不断修改和完善，逐渐形成了一个能够科学、真实反映紫斑牡丹特点的品种记载体系（表8-1），在品种整理和新品种选育中都发挥了重要作用。下面是对表中有关内容的具体解释和说明。

8.2.1 品种的基本信息

（1）品种名称　包括别名，如果有可能的话还应包括名释，以便更直观地反映品种的特点或品种命名的社会文化背景。

（2）品种编号　为调查登记号，可按年份编排。最后整理品种时要再统一编号。

（3）品种来源　一般包括传统品种、新育品种和引进品种3种情况，其中新育品种要说明育成年代、育种方法、育种人（单位）、发现人和命名人，引进品种应确切记载引种地和引进年代。

（4）记载地点　指植株的具体栽培地点。

（5）记载日期

（6）记载人

表 8-1 紫斑牡丹品种登录记载表

基本信息	名称			名释或别名		编号	
	记载地			记载日期		记载人	
	来源						
植株形态	株型	直立；开张；半开张；独枝		株高（cm）		株龄（年）	
	长势	强；一般；弱		萌蘖性	强；一般；弱	嫩枝长(cm)	
花部形态	花姿	直立；侧垂；下垂		花色	白、粉、红、紫、黑、蓝、黄、复色	径(cm)×高(cm)	
	花蕾	长圆；圆；卵圆		花型	单瓣型；荷花型；蔷薇型；菊花型；托桂型；皇冠型；绣球型		
	花瓣	外瓣	外观平直舒展整齐或皱软曲褶多变，取向下垂、平伸或斜举，瓣缘平滑、齿裂、深裂或不规则				
		内瓣	细窄直立、卷曲结绣、宽阔整齐和分层明显				
	色斑	形态	圆形；卵圆形；椭圆形；菱形				
		大小	特大；大；中；小				
		颜色	红；棕红；紫红；黑色				
	雄蕊	数量	多；一般；较少；残存；无	发育情况	正常；部分正常；不正常		
		着生方式	正常；腰金；点金；藏金	花丝颜色	白；粉；红；紫红；黑		
	雌蕊	外观	隐含；微显；袒露	房衣形态	全包；半包；残存；消失		
		房衣颜色	白、黄、粉、红、紫	心皮发育	正常；败育；瓣化		
		心皮数量		柱头颜色	白、黄、粉、红		
叶的形态	叶型	二回羽状复叶；一回羽状复叶；三回羽状复叶		叶色	深绿；绿；浅绿；被褐晕		
	复叶	类型	大型圆叶、长叶；中型圆叶、长叶；小型圆叶、长叶	小叶	数量	少；一般；多；特多	
		伸展情况	平展；斜伸；上举		形态	圆叶类；长叶类	
		总长（cm）			排列	稀疏；正常；致密	
		总宽（cm）			质地	较薄；一般；较厚	
	花期	早；中；晚		花香	淡香；香；浓香	结实	结实多；结实一般；不结实
综合评价	优		良		中		可
备　注	已有内容的项目直接圈定，无内容的现场填写						

8.2.2 植株的基本形态

植株的基本形态综合体现在株型上，它表面上是由枝干生长或开张角度决定的，但是本质上又与植株的长势和萌蘖性密切相关，长势强、萌蘖枝少的常常形成高大直立的树形，反之形成相对较低矮的开张树形。

（1）株型　不同品种因枝干生长或开张角度不同，可分为 4 种基本株型：①直立型——枝干直立，开张角度小于 30°，株高常可达 2m，株高明显大于株幅，株丛呈直立状态（图 8-1）；

图 8-1　紫斑牡丹直立株型（左上：'万金富贵'；右上：'九蕊珍珠红'）与开张株型（左下：'蓝荷'；右下：'红杨妃'）

②开张型——大多数枝干向四周斜向生长，开张角度大于 50°，株高常在 1.5m 以下，株高常小于株幅，株丛呈开张状态（图 8-1）；③半开张型——枝干开张程度介于上述二者之间，株高常在 1.5m 以上，略等于或小于株幅，株丛呈半开张状态（图 8-2）；④独枝型——主干单枝向上，植株小乔木状，这是人工定干拿芽，去除其它分枝及萌蘖枝的结果（图 8-2）。

（2）株高与株龄　株高与株龄密切相关，因此记载株高时一定要记清株龄。8～10 年生的植株一般都能高达 1m 左右，10～20 年生的植株高度才逐渐发生分化，因而应以 15～20 年生的植株为准来确定品种的高度，分为高大（株高 1.5m 以上，绝大多数品种）和稍矮（株高 1.5m 以下，仅少数品种）两种类型，无中原牡丹中的矮生类型。

（3）长势　按枝干粗壮、花繁叶茂和嫩枝长短区分为强、一般、弱 3 种情况。

（4）萌蘖性　根据从植株基部根颈处萌发形成的萌蘖枝（俗称土芽或脚芽）的多少，分为强（萌蘖枝≥ 7 条）、中等（萌蘖枝 4～6 条）和弱（萌蘖枝 1～3 条）3 类。

（5）嫩枝长度　指 1 年生枝条的长度，是反映植株长势的重要指标之一。以盛花期度量为准，分长（50cm 以上）、较长（40～50cm）和较短（40cm 以下）3 级。

图 8-2　紫斑牡丹半开张株型（左上、左中）与独枝株型（右上、右下、左下与下中）

8.2.3 花部形态及结构特征

（1） 花蕾 按风铃期花蕾高度与宽度的比例分为长圆形（蕾高>蕾宽）、圆形（蕾高＝蕾宽）和卵圆形（蕾高<蕾宽）3 种基本形态。

（2） 花色 按国内习惯分为白、粉、红、紫、黑、蓝、黄和复色共 8 大色系，以盛花期花色为准记载，有些品种的花色从初花、盛花到谢花不断变化，应予以注明。

（3） 花朵大小 用径×高表示，在盛花期测量记载。花径可以直观简练地表现花朵之大小，据此可分为大花类（花径≥ 20cm）、中花类（20cm ＞花径≥ 15cm 左右）和小花类（花径≤ 15cm 左右）3 类，其中大多数品种为中花类，可根据情况进一步记述为中偏大、中偏小。而花（冠）高则与花型直接相关，从单瓣、荷花型的 6～7cm 到皇冠和台阁型的 15～18cm 不等，反映出花朵之丰满程度。

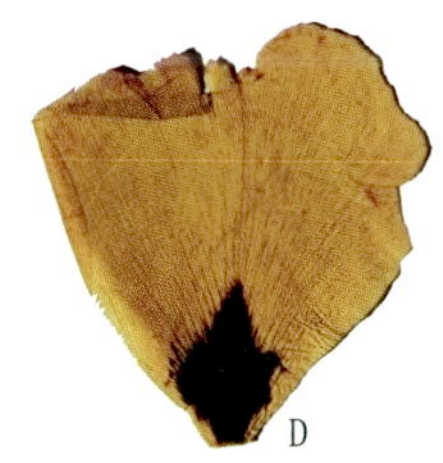

图 8-3 紫斑牡丹花瓣基部色斑形态（A：圆形；B：卵圆形；C：椭圆形；D：菱形）

（4） 花姿 指花朵在植株上着生的姿态，分为直立（花头直立于株丛之上）、侧垂（花头半直立、向一侧倾斜）和下垂（花头下垂）。

（5） 花型 按单瓣型、荷花型、菊花型、蔷薇型、托桂型、皇冠型和绣球型 7 种类型记载。紫斑牡丹的花型是一个不十分稳定的、处于变化之中的特征，一个品种往往由于各种因素的影响，在不同的年份或不同的生长栽培环境中有不同的表现，一花多型则是许多品种的基本特征之一，也是构成其高观赏性的重要因素。这种现象在紫斑牡丹表现十分明显，因此我们在记载花型时以出现频率最高而不是演化水平最高的花型为主，其它花型也要一并记录。

（6） 花瓣 分别记载外瓣和内瓣的形态和排列方式以及基部色斑的特征，这是表现和构成品种特征的最重要内容。

① 外瓣：外观指形态、质地和排列等所表现的整体外观特征，可概括为平直舒展整齐和皱软曲褶多变两种情况；取向指花瓣伸展的方向，分下垂、平伸和斜举 3 种；瓣缘指花瓣边缘，分平滑、齿裂、深裂和不规则 4 种；大小用宽×高表示。

② 内瓣：外观形态包括细窄直立、卷曲结绣、宽阔整齐和分层明显 4 种情况。细窄直立和卷曲结绣的内瓣构成托桂型花，宽阔整齐的花瓣又有坚挺层叠、轻褶紧凑、舒展疏松和皱软纷呈之分，它们构成菊花型、蔷薇型、皇冠型和绣球型花，使不同品种各具特色。分层明显指在皇冠型花中，明显分化出细窄的腰瓣（靠近外瓣）和宽阔的里瓣（靠近花部中心），或者里瓣进一步在花部中心、花蕊周围分化出大而直立的心瓣和心瓣与腰瓣之间的中瓣；不同层次的花瓣不仅形态大小不同，而且往往在色泽和质地上也会有一定程度的差异，结果使高耸的花朵看上去层次分明。

（7） 色斑 紫斑牡丹因花瓣基部的色斑而得名，也因色斑之颜色、形状和大小变化多端而观赏价值倍增，同时色斑也成为鉴定和识别品种的重要特征。由于外瓣比较稳定，色斑的记载要以外瓣为标准，具体包括色斑形态、大小、颜色和斑缘形态。

①色斑形态：大致可分为圆形、卵圆形、椭圆形和菱形（图 8-3）。

②色斑大小：特大（色斑高度≥ 1/2 瓣高）、大（1/2 瓣高＞斑高≥ 1/3 瓣高）、中（斑高为瓣高的 1/4～1/3）和小（斑高≤ 1/4 瓣高）。

③色斑颜色：红、棕红、紫红和黑色。

④色斑边缘形态：整齐、辐射状和不规则。

另外，色斑是否透背（即在花瓣背面能否看到色斑）以及内瓣的色斑特征可记载作为参考，尤其是当它们作为品种的特殊特征时要准确记载。

（8） 雄蕊 记载雄蕊的多少、发育程度、着生方式、瓣化情况以及花丝的颜色和形态等内容。

① 雄蕊数量：分为多、一般、较少、残存和无（完全消失）5种情况。

② 雄蕊发育：分正常、不正常和部分正常3种情况。正常指雄蕊的花药和花丝结构正常，不正常指雄蕊出现不同程度的瓣化，部分正常介于上述二者之间。

③ 雄蕊着生方式：正常（雄蕊在花部中央雌蕊周围集中排列）、腰金（雄蕊在外瓣和内瓣之间的腰部成圈或集中排列）、点金（雄蕊完全瓣化形成的花瓣顶端残存金黄色花药）、藏金（雄蕊夹杂在花瓣中间、一般不能直接看到）。

④ 花丝颜色：基本有白、粉、红、紫红和黑几种颜色。

⑤ 花丝形态：分正常、有瓣化倾向（即明显伸长）和开始瓣化（伸长并变宽）3种情况。

（9）雌蕊 记载心皮、房衣和柱头的形态及发育情况。

①外观：隐含（直接观察不到雌蕊）、微显（雌蕊部分可见）、袒露（雌蕊完全暴露）。

②房衣形态：全包（房衣完全包被雌蕊或包被3/4以上）、半包（房衣包被雌蕊1/2左右）、残存（房衣退化仅留残痕，或包被雌蕊基部不足1/3）、消失（房衣完全退化、不存在）。

③房衣颜色：白、黄、粉、红、紫。

④心皮数量分为正常（指5枚）和异常（非5枚，记清具体数目）两种，发育情况分正常、败育和瓣化。

⑤柱头颜色：白、黄、粉、红。

8.2.4 叶的形态特征

（1）叶型与小叶数 紫斑牡丹大多数品种为二回羽状复叶，但也有少数品种为一回或三回羽状复叶，相应也就以小叶数为15枚的品种居多，但也存在较少和较多的情况。在叶型的基础上，小叶数可分为少（9～14枚）、一般（15枚）、多（16～19枚）和特多（20枚以上）4种类型。

（2）叶色 有深绿、绿、浅绿和被褐晕。

（3）叶态 指复叶伸展以及复叶内小叶排列、伸展的状态。

① 复叶伸展：按总叶柄与着生枝条的夹角不同形成3种类型，即平展（总叶柄与枝条近垂直）、斜伸（总叶柄与枝条的夹角＞30°）、上举（总叶柄与枝条的夹角＜30°）。

②小叶排列：复叶内小叶排列的疏密程度对叶态有重要影响，大体分为稀疏（小叶间有明显间隙）、正常（小叶间无明显间隙、但不重叠）和致密（部分小叶重叠）。

（4）叶片质地及伸展状况 叶片质地主要由其薄厚决定，可分为较薄、一般、较厚3类。叶片的伸展状况也表现为平展（叶片平展）、稍卷（叶片边缘不平展、稍向上向内卷曲）和内卷（叶片边缘明显向内卷曲）3种情况。

（5）复叶大小及其类型 根据复叶大小和小叶形态，可把复叶划分为不同类型，能极大地方便品种描述。

① 复叶大小以基部发育良好的第2或第3叶为准，用叶长（总叶柄基部至顶小叶端部之长度）和叶幅（复叶的最大宽度）表示。长×幅＞40cm × 25cm者为大型叶，长×幅为30～40cm × 20～25cm者为中型叶，长×幅＜30cm × 20cm者为小型叶。

② 小叶形态大体可分为长叶类和圆叶类两种。前者的小叶相对较狭长，呈长卵形至椭圆形，少数为卵状披针形，质地较薄；小叶裂片较狭窄，多为渐尖（图8-4）；后者的小叶相对较圆钝，呈卵形至广卵形，质地较厚；小叶裂片较宽圆，多为锐尖（图8-5）。

③ 把复叶大小和小叶形态结合，可分为大型圆叶、大型长叶、中型圆叶、中型长叶、小型圆叶和小型长叶6种叶型，这与中原牡丹（王莲英等 1997）相吻合，但是西北牡丹的小叶数量多、面积小，而中原牡丹小叶数量少、面积大，二者在外观上有明显差别。

图 8-4　紫斑牡丹叶片形态——长叶类（A:'红冠玉带' B:'熊猫' C:'母爱' D:'紫蝶迎风' E:'蓝凤展翅' F:'桃花春'）

图 8-5　紫斑牡丹叶片 2 形态——圆叶类（A:'陇原壮士' B:'蓝海银浪' C:'佛头青' D:'三转' E:'红绣球' F:'黄河'）

8.2.5 花期、花香和结实能力

（1）花期 紫斑牡丹的花期对物候十分敏感，同一品种在不同物候条件下花期明显不同。因此，花期要以记载地物候为准，分别区分为早花、中花和晚花品种。

①单花期：单个花朵从初开到凋谢所经历的天数。

②群体花期：5% 的花朵初开到 95% 的花朵凋谢所经历的天数。

③初花期：约 5% 的花朵开放的时期。

④盛花期：约 50% 以上的花朵开放的时期。

⑤谢花期：约 80% 的花朵凋谢的时期。

（2）花香 花香是花木重要的观赏性状之一，与中原牡丹相比，紫斑牡丹的花香更为浓厚，几乎所有品种都不同程度具有香味，可分为淡香、香和浓香 3 类。

（3）结实能力 根据结实的多少，分结实多、结实一般和不结实 3 类。一般情况下，紫斑牡丹的结实能力较强，即使高度重瓣的品种，只要雌蕊正常就能结实，当雌蕊瓣化时结实能力丧失。

8.2.6 综合评价

上述各种可以描述或记述的形态或性状特征，奠定了我们评价或判断一个品种品质优劣的重要基础。然而，这些“有形”性状叠加或组合产生的效果，以及其它许多诸如文化、审美观、市场取向等涉及主观意识的“无形”影响，对于评价一个品种同样十分重要，但是目前尚无一个可行的操作体系。因此，通过对花色、花型、花香以及花之神态、气质等许多因素的综合考虑，直观地给一个品种下一个专家结论或综合评价是十分必要的。根据品种实际水平和应用现状，可把紫斑牡丹品种分为优、良、中和可 4 个等级。

① 优：形态或性状奇特，品质上乘，其观赏性或应用价值达到或超过目前国内外公认的优良品种。

② 良：形态或性状优良，品质无明显可见瑕疵，具有很高的观赏及推广应用价值。

③ 中：形态或性状表现良好，在个别方面有需要改进之处，具有较高的观赏性或推广应用价值。

④ 可：形态或性状表现一般，但个别特点突出，具有一定观赏性或推广应用价值。

第9章

紫斑牡丹品种

本章共记载和描述202个品种，按第3章“色”、“型”和“名”的三级分类方法，分为8种花色，其中白色36种、粉色39种、红色46种、紫色28种、黑色9种、蓝色20种、黄色7种、复色17种；每种花色中的花型，按单瓣型、荷花型、菊花型、蔷薇型、托桂型、皇冠型和绣球型依次编排，多花型品种则以出现频率最高、而不是演化水平最高的花型为准；同一花型的品种按品种名称的汉语拼音顺序排列，品种描述的各种术语以及标准和规范见第8章。

'白鹤亮翅' 'Bai He Liang Chi'

花纯白色，单瓣型。花头直立，花径中等。花瓣上举，大而舒展，质地较薄，基部色斑小，棕红色，菱形或椭圆形，斑缘辐射状。雌、雄蕊袒露，发育正常，花丝白色，房衣白色或具粉红点，柱头粉红色。

植株半开张，长势强，嫩枝较长。大型长叶，叶柄斜伸，叶色浅绿或深绿；小叶平展，排列稀疏。花香，花期中，结实多。该品种花色纯正，大而舒展的花瓣上举，犹如白鹤亮翅，故名。品质良，陈德忠选育，陈德忠、成仿云1996年命名，兰州、临夏、临洮等地栽培。

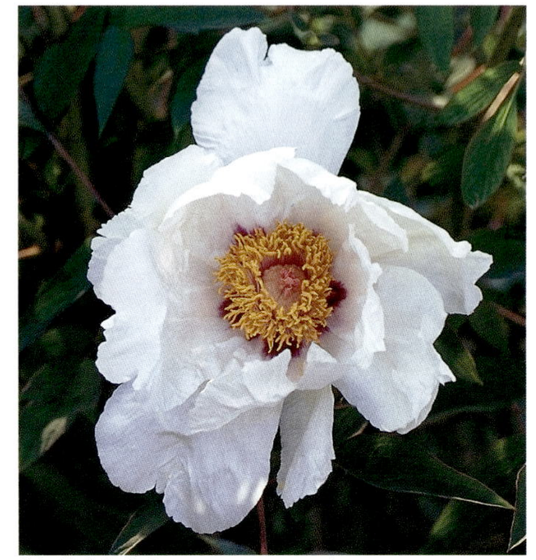
'白鹤亮翅' 'Bai He Liang Chi'

'和平莲' 'He Ping Lian'

'和平莲' 'He Ping Lian'

花白色，单瓣型。花头直立，花径小。花瓣斜伸，大而舒展，基部色斑中等大小，黑色，椭圆形，斑缘整齐或辐射状。雌、雄蕊袒露，发育正常，花丝、房衣及柱头均白色。

植株直立，长势强，嫩枝较长。中型长叶，叶柄斜伸，叶色浅绿；小叶较小，平展，排列正常。花香，花期中，结实多。形态特征较为原始，接近野生状态。品质良，成仿云、陈德忠1996年命名，兰州、临夏、临洮等地栽培。

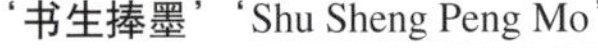
'书生捧墨' 'Shu Sheng Peng Mo'

'书生捧墨' 'Shu Sheng Peng Mo'

'书生捧墨' 'Shu Sheng Peng Mo'

花白色，单瓣型。花头直立，花径中等偏大。花瓣斜伸，大而舒展，基部色斑大，墨黑色，卵圆或椭圆形，斑缘辐射状，明显透背。雌、雄蕊袒露，发育正常，花丝基部淡红或白色，房衣及柱头乳白色。

植株直立，长势强，嫩枝较长。大型圆叶，叶柄斜伸，叶色浅绿；小叶长卵圆形，较大、平展，排列正常，顶端锐尖。花香，花期中，结实多。该品种花色纯正，色斑大而墨黑，犹如白纸黑字，异常醒目。品质优，陈德忠选育，成仿云1994年国际登录，兰州、临夏、临洮等地栽培。

‘熊猫’‘Xiong Mao’

花纯白色，单瓣型。花头直立或稍侧垂，花径中等。花瓣平伸或斜伸，大而皱软曲褶，瓣基色斑特大，黑色，圆形，斑缘辐射状，稍透背。雄蕊正常或残存，偶有数枚瓣化形成正常花瓣，白色花丝较长；心皮正常，柱头白色，房衣白色，残存。

植株直立，长势一般，嫩枝较长。小型长叶，叶柄斜伸，叶色深绿，有褐缘；小叶稍卷，质地较薄。花香，花期中，结实多。该品种因洁白的花瓣与乌黑的色斑对比强烈，酷似熊猫而得名。品质良，陈德忠1994年选育并命名。

‘雪海冰心’‘Xue Hai Bing Xin’

花白色，单瓣型。花头直立，花径中等。花瓣上举，大而舒展，基部色斑小，棕红色，菱形或椭圆形，斑缘辐射状。雌、雄蕊袒露，发育正常，花丝白色，较长，房衣白色，全包，浅裂，柱头黄色。

植株半开张，长势强，嫩枝较长。大型长叶，叶柄斜伸，叶色浅绿或深绿；小叶平展，排列稀疏。花香，花期中，结实多。该品种花瓣白色喻海，花心冰清玉洁，故名。品质良，陈德忠1994年命名，兰州、临夏、临洮等地栽培。

‘熊猫’‘Xiong Mao’

‘雪海丹心’‘Xue Hai Dan Xin’

花白色，单瓣型。花头直立，花径中等偏小。花瓣瓣端稍内褶，基部色斑中等大小，紫红色，倒卵形，斑缘辐射状。雌、雄蕊正常，花丝基部粉红色，较长，房衣红色，全包，柱头红色。

植株直立，长势中等，嫩枝较短。中型长叶，叶柄斜伸，叶色绿，有褐晕，叶缘紫红色；小叶内卷，排列稀疏。花香，花期中，结实多。该品种花瓣白如雪海，花心赤红，故名。品质良，陈德忠、成仿云1996年命名，兰州、临夏、临洮等地栽培。

‘雪海冰心’‘Xue Hai Bing Xin’

‘雪海丹心’‘Xue Hai Dan Xin’

'约瑟石' 'Yue Se Shi'

'玉凤点头' 'Yu Feng Dian Tou'

花白色，单瓣型。花头直立，花径中，花蕾卵圆形。花瓣斜伸，舒展，花瓣基部色斑大，紫红色，菱形至卵圆形，斑缘不规则。雌、雄蕊祖露，发育正常，花丝红色，房衣粉红色，柱头粉红色。

植株半开张，长势强，土芽少，嫩枝长。中型圆叶，叶柄平伸或斜伸，叶色浅绿；小叶稍卷，排列稀疏。花淡香，花期中，结实多。该品种花色纯白，花心粉红色的柱头似鸡冠下垂，故名。品质良，陈德忠选育，陈德忠、成仿云 1996 年命名。

'约瑟石' 'Yue Se Shi'

花乳白至纯白色，单瓣型。花头直立，花径中等。花瓣基部色斑中大，紫黑色，近卵形，斑缘辐射状。雌、雄蕊正常，花丝较长，白色或中下部紫红色，房衣白色，全包，柱头白色。

植株直立，长势强，分蘖少，嫩枝长度一般。中型圆叶，叶柄斜伸，叶色深绿，有时具褐晕；叶缘稍卷。花香，花期中，结实多。

该品种在国外称为'Rock's Variety'，是约瑟夫·洛克 1926 年在甘肃卓尼县一个喇嘛寺（即今甘肃省甘南藏族自治州卓尼县禅定寺）采集的种子的后代，由于洛克本身采集的是杂交种子，它们的后代在美国和英国等地发生了变异，其中花瓣较平展者常称为'美国约瑟石'（'US' form），花瓣较皱褶者常称为'英国约瑟石'（'UK' form）(Stern 1959；Smithers 1992)。在英国，'约瑟石'是从Sussex的 Highdown 传播开的（Smithers 1992），在 Kew Garden（英国皇家植物园）、Wisley Garden（英国皇家园艺协会植物园）、Hillier Aboretum and Gardens 和Hidcote Manor Ganor 等植物园或树木园，可以看到花部特征完全相同、但叶型及大小稍有差异的植株，相信曾被营养繁殖过。该品种在甘肃临夏、临洮和兰州等地多见。

'紫叶莲' 'Zi Ye Lian'

花白色，单瓣型。花头直立，花径小。花瓣斜伸，舒展，瓣缘不规则，花瓣基部色斑大，紫红色，椭圆形，斑缘辐射状。花药正常，花丝粉色；雌蕊祖露，心皮正常，房衣白色，半包，柱头白色。

植株开张，长势强。中型圆叶斜伸，叶色深绿，整个叶面被褐晕；小叶稍卷，质地较厚。花淡香，花期中，结实多。该品种因花白瓣单似莲，叶面常被紫褐晕而得名。品质良，陈德忠选育，陈德忠、成仿云 1996 年命名。

'玉凤点头' 'Yu Feng Dian Tou'

'紫叶莲' 'Zi Ye Lian'

‘白碧蓝瑕’‘Bai Bi Lan Xia’

花白色泛粉蓝色晕，荷花型。花头直立，花径中等。花瓣舒展，整齐，基部色斑中等大，黑色，卵圆形，斑缘辐射状。雌、雄蕊正常，袒露，花丝上部白色，基部发紫，房衣黄白，全包，柱头白色。

植株半开张，长势一般，嫩枝较长。中型圆叶，叶柄斜伸，叶色深绿；小叶内卷，排列稀疏。花香，花期中晚，结实多。品质良，陈德忠选育，成仿云1994年国际登录。

‘白荷映日’‘Bai He Ying Ri’

花白色，荷花型或单瓣型。花头直立，花径中偏大。花瓣波状皱褶，基部色斑大，红色，卵圆形，斑缘辐射状。雌、雄蕊袒露，发育正常，花丝、房衣和柱头均为红色。

植株半开张，长势强，嫩枝较长。大型长叶，叶柄上举，叶色浅绿；小叶稍卷，排列稀疏。花香，花期中，结实多。品质良，陈德忠选育，陈德忠、成仿云1996年命名，兰州、临夏、临洮等地栽培。

‘玉容冰心’‘Yu Rong Bing Xin’

花乳白色，荷花型。花头直立，花径中等。花瓣上举，基部色斑大，红色，卵圆形，斑缘辐射状或整齐。雌、雄蕊袒露，发育正常，花丝、房衣和柱头均为白色。

植株半开张，长势强，嫩枝较长。大型长叶，叶柄上举，叶色浅绿；小叶稍卷，质地较厚。花香，花期中，结实多。品质良，陈德忠1993年选育并命名，兰州、临夏、临洮等地栽培。

‘白碧蓝瑕’‘Bai Bi Lan Xia’

‘白荷映日’‘Bai He Ying Ri’

‘玉容冰心’‘Yu Rong Bing Xin’

'大瓣白' 'Da Ban Bai'

花白色，菊花型。花头直立，花径中等偏大。花瓣大而舒展，外瓣平伸；内瓣疏松，基部色斑中等大小，棕红色，椭圆形，斑缘不规则，白色条纹横穿中央。雄蕊残存，心皮正常，柱头乳黄，房衣白色，半包。

植株半开张，长势一般，嫩枝较长。大型圆叶，叶柄平伸，浅绿色；小叶平展，数量少，排列正常。花香，花期中，结实。品质良，传统品种。临夏、临洮等地栽培。

'雪中送炭' 'Xue Zhong Song Tan'

花白色，菊花型。花头侧垂，花径中偏大。外瓣平直舒展，内瓣舒展疏松；瓣基色斑大，紫黑色，卵圆形，斑缘辐射状。雄蕊数量一般，花丝紫红；雌蕊袒露，房衣半包，黄色，心皮正常，柱头黄色。

植株半开张，长势一般，嫩枝较短。中型长叶，叶柄斜伸，叶深绿色、有褐晕；小叶内卷，质地较厚，排列致密。花香，花期中，结实。品质中，传统品种，临洮等地栽培。

'大瓣白' 'Da Ban Bai'

'仙鹤毛' 'Xian He Mao'

'雪中送炭' 'Xue Zhong Song Tan'

'小雪' 'Xiao Xue'

'白贵妃' 'Bai Gui Fei'

‘白贵妃’‘Bai Gui Fei’

花白色，略带粉，蔷薇型。花头侧垂，花径中等偏大。外瓣白色，大而平展；内瓣粉白色，舒展疏松；基部色斑大而明显，紫红色。雄蕊残存，大部分瓣化，藏金，花丝深紫色；雌蕊正常，柱头红色，房衣蓝紫色，半包。

植株半开张，长势一般，分蘖弱，嫩枝较长。中型长叶，叶柄斜伸。花浓香，花期中，结实多。品质良，传统品种，临洮等地栽培，也称‘白杨妃’。

‘白雪公主’‘Bai Xue Gong Zhu’

花白色，蔷薇型。花头直立，花径中等。外瓣舒展，基部色斑中等大小，紫红色，椭圆形，斑缘不规则；内瓣平展，整齐。雄蕊退化消失；雌蕊微显，心皮正常，柱头粉色，房衣白色，半包。

植株直立，长势一般，嫩枝较长。中型长叶，叶柄斜伸，叶色浅绿；小叶微皱，数量少，质地较薄，排列稀疏。花香，花期中，结实。该品种花色洁白，花朵亭亭玉立，气质高雅。品质良，陈德忠选育，陈德忠、成仿云 1996 年命名。

‘仙鹤毛’‘Xian He Mao’

花纯白，蔷薇型、皇冠型。花头直立，花径中偏小。外瓣上举或斜伸，皱软曲褶，内瓣质地薄而细腻，皱而紧凑；瓣基色斑大，红色，椭圆至卵圆形，透背，瓣背中央具白色条肋。雄蕊无，心皮正常或部分败育，房衣残存，柱头黄白色。

植株半开张，长势一般，嫩枝长。中型长叶，叶柄斜伸或上举，叶色浅绿，叶片较大；小叶稍卷，数量少，排列致密。花香，花期晚，结实差。该品种花色洁白细腻，花瓣皱褶，酷似鹤毛。品质良，传统品种，临夏等地栽培。

‘小雪’‘Xiao Xue’

花白色，蔷薇型、菊花型。花头直立，花径小。外瓣上举，皱软曲褶；内瓣舒展疏松，基部色斑小，黑色，菱形，斑缘整齐。雄蕊无；雌蕊微显，心皮正常或败育，房衣黄色，残存。

植株半开张，长势一般，萌蘖性强，嫩枝较短。中型长叶，叶柄平伸，叶色浅绿，有褐晕；小叶平展，数量少，排列正常。花香，花期中早，很少结实。该品种花小，花色洁白如雪，故名。品质良，陈德忠选育，陈德忠、成仿云 1996 年命名。

‘白雪公主’‘Bai Xue Gong Zhu’

‘百鸟朝凤’‘Bai Niao Chao Feng’

花白色，托桂型、皇冠型。花头直立，花径小。外瓣平展，缺刻；内瓣中央突起，扭曲皱折，多数有金钩；瓣基色斑较大，紫红色，卵圆形，斑缘不规则，透背，背斑鲜红色，有白色中肋。雄蕊较多，藏金，花丝紫红色；雌蕊正常，子房淡绿色，柱头淡黄色，房衣白色，近全包。

植株直立，长势强，分枝能力强，60年生株高190cm，冠幅140cm。小型长叶，叶柄斜伸。花浓香，花期中，结实多。品质良，传统品种，临洮等地栽培。

‘金心狮子’‘Jin Xin Shi Zi’

花白色，（金心）托桂型、菊花型。花头直立，花径中等。外瓣平直舒展，基部色斑大，紫红色，圆形，斑缘辐射状；内瓣细窄直立，由雄蕊向心瓣化形成，在雌蕊周围仍保留大量花药。雌蕊隐含，房衣残存，心皮正常，柱头黄色。

‘金心狮子’‘Jin Xin Shi Zi’

‘菊花白’‘Ju Hua Bai’

‘百鸟朝凤’‘Bai Niao Chao Feng’

植株直立，长势强，嫩枝较长。中型长叶，叶柄斜伸或上举，叶色深绿有褐晕；小叶内卷，质地较厚。花香，花期晚，结实。成仿云2000年命名，品质良，兰州、临洮等地栽培。

‘菊花白’‘Ju Hua Bai’

花白色，托桂型。花头直立，花径中等。外瓣平伸，舒展，内瓣细窄，直立；瓣基色斑大，紫红色，卵圆形，斑缘辐射状，透背。雄蕊多，花药点金、藏金或腰金，花丝紫色；雌蕊微显，心皮正常，柱头黄白色，房衣白色，全包。

植株半开张，长势强，嫩枝较长。中型长叶，叶柄斜伸，叶色深绿有褐缘；小叶内卷，质地较厚，排列稀疏。花香，花期中，结实。该品种花型奇特，品质优，陈德忠选育，陈德忠、成仿云1996年命名。

‘一捧雪’‘Yi Peng Xue’

花乳白色，托桂型。花头直立或略侧垂，花径中偏小。外瓣平伸，基部色斑小，紫黑色，条状；内瓣轻褶多皱，宽窄不一，尤其在内外瓣间的腰部多条形瓣。雄蕊正常或瓣化，藏金、腰金，花丝白色；雌蕊正常，柱头淡黄色，房衣半包，浅裂，白色。

植株半开张（40年生株高240cm，冠幅180cm），长势强，嫩枝较短。中型长叶，叶柄斜伸，叶色浅绿；小叶平展，排列正常。花浓香，花期中，结实。品质良，传统品种，临夏、临洮、康乐等地栽培。

‘玉狮子’‘Yu Shi Zi’

花粉白色或白色，托桂型、荷花型。花头直立或略侧垂，花径中等。大型外瓣2轮，

'一捧雪' 'Yi Peng Xue'

基部色斑特大，紫红或紫黑色，几乎占据整个花瓣基部并高达花瓣之1/3以上，斑缘辐射状，瓣背色斑十分明显，并具有宽大的白色中肋；内瓣由雄蕊瓣化形成，狭长并常有所扭曲，基部色斑可长达花瓣之3/5～3/4。雄蕊大部分正在瓣化中，花丝紫红或紫黑色，常宽大直立；雌蕊正常，房衣淡黄色，柱头白色。

植株半开张至开张，长势强，嫩枝较长。中型圆叶，叶柄斜伸，叶色绿有褐晕；小叶平展，数量少，排列正常。花浓香，花期中，结实多。该品种植株高大、花型奇特、花多而繁，品质优，是传统品种中的佼佼者，其中花白色、色斑紫红色者称'玉狮子'；花粉色、色斑紫红色者称'粉狮子'；花白色、色斑紫黑色者称'墨狮子'。临洮、临夏和兰州等地均有栽培。

'玉狮子' 'Yu Shi Zi'

'玉狮子' 'Yu Shi Zi'（上、中、下示花型变化）

‘白塔春晓’‘Bai Ta Chun Xiao’

花白色，皇冠型。花头侧垂，花径中等。外瓣舒展，瓣基色斑中等偏小，紫黑色；内瓣轻褶紧凑，瓣间残存雄蕊。雌蕊稍瓣化，端部（柱头）呈绿色，房衣消失或残存。

植株稍开张，长势弱，嫩枝较短。中型圆叶，叶柄平伸或斜伸，叶色深绿；叶缘内卷。花淡香，花期中，不结实。品质良，陈德忠新育品种，成仿云、陈德忠1996年命名。

‘白玉楼’‘Bai Yu Lou’

花纯白色，皇冠型。花头直立，花径中偏小。外瓣大而微垂，瓣基色斑大，棕红色，长椭圆形，斑缘整齐；内瓣宽阔，轻褶紧凑，不规则浅裂。雄蕊残存，白色花丝伸长；雌蕊隐含，残存房衣白色，心皮正常，柱头黄色。

植株直立，长势一般，嫩枝较短。中型圆叶，叶柄斜伸或平伸，叶色浅黄绿；小叶质地偏厚，数量及排列正常。花香，花期中，结实。品质良，临夏传统品种。

‘北国风光’‘Bei Guo Feng Guang’

花白色，皇冠型或绣球型。花头直立或侧开，花径中等。外瓣两轮较大；内瓣轻褶紧凑，基部色斑中偏小，黑色，椭圆形，斑缘辐射状。花药较少，腰金或藏金，花丝白色；心皮正常，房衣全包，白色，柱头黄色。

植株半开张，长势强，嫩枝较长。中型长叶，叶柄平伸，叶色浅绿有褐缘；小叶多，平展或稍卷，质地较厚，排列正常。花香，花期中早，结实。该品种花繁叶茂，盛开之际似白雪皑皑，一派北国风光。品质良，陈德忠1993年选育并命名。

‘象牙白’‘Xiang Ya Bai’

花淡黄白色，皇冠型或蔷薇型。花头直立或略侧垂，花径中等。外瓣平伸，皱软曲褶，瓣缘齿裂，瓣背有宽白肋；内瓣层叠，轻褶，心瓣宽大，腰瓣条形，当内瓣无心瓣和腰瓣之分化、花朵外形呈蔷薇型时，内外瓣间常有腰金或少量不明显的退化小花瓣存在；花瓣基部色斑大，紫红色，椭圆形，稍透背，斑缘辐射状，斑背具白色中肋。雄蕊残存，腰金或藏金，花丝白色；雌蕊正常，房衣半包，白色，柱头淡黄色。

植株半开张（30年生株高210cm，冠幅290cm），长势强，嫩枝较长。大型长叶，叶柄斜伸，叶片浅绿色；平展，排列正常。花香，花期中晚，结实。品质良，临夏、临洮等地传统品种。

‘雪里藏金’‘Xue Li Cang Jin’

花白色，皇冠型、金心皇冠型。花头侧垂，花径中偏小。外瓣平伸，舒展；内瓣细窄直立，瓣间多花药，瓣基色斑中等大小，黑色，菱形，斑缘辐射状。雄蕊较少，多集中在雌蕊周围及其内外瓣间的腰部（雄蕊从中部开始瓣化），或主要集中在雌蕊周围

‘白塔春晓’‘Bai Ta Chun Xiao’

‘白玉楼’‘Bai Yu Lou’

‘北国风光’‘Bei Guo Feng Guang’

‘象牙白’‘Xiang Ya Bai’

‘雪里藏金’‘Xue Li Cang Jin’

‘雪里藏金’‘Xue Li Cang Jin’

（雄蕊向心瓣化），花丝白色；雌蕊微显，心皮正常，房衣白色，半包，柱头黄色。

植株半开张，长势一般，嫩枝较短。中型长叶，叶柄平伸，叶色浅绿；小叶数量少，质地较厚，排列正常。花淡香，花期中，结实。该品种许多金黄色花药隐藏在洁白的花瓣中，故名。品质良，陈德忠 1994 年选育并命名。

‘雪山金顶’‘Xue Shan Jin Ding’

‘雪山金顶’‘Xue Shan Jin Ding’

花白色，皇冠型。花头直立，花径中等。外瓣平伸，舒展，瓣缘平滑；内瓣舒展，疏松，瓣端常有残留的花药（点金）；花瓣基部色斑小，紫红色，菱形，斑缘整齐。雄蕊残存，点金或藏金，花丝白色；雌蕊隐含，心皮正常，柱头白色，房衣白色，全包，浅裂。

植株直立，长势强，嫩枝较长。中型长叶，叶柄平伸，叶色浅绿有褐缘；小叶平展，数量少，质地较厚，排列稀疏。花香，花期中，结实。该品种花白如雪，高耸如山，瓣端花药金光闪闪，故名。品质良，陈德忠选育，陈德忠、成仿云 1996 年命名。

‘银百合’‘Yin Bai He’

‘银百合’‘Yin Bai He’

花白色，皇冠型或绣球型。花头直立，花径中偏小。外瓣平直舒展；内瓣坚挺层叠，基部色斑中等大小，黑色，卵圆形，斑缘辐射状，微透背。雄蕊残存（点金或藏金），雌蕊隐含；心皮正常，房衣白色，残存，柱头黄色。

植株半开张，长势强，嫩枝较短。小型长叶，叶柄平伸或斜伸，叶色深绿有褐缘；小叶稍卷，质地较厚，排列正常。花香，花期中晚，有结实能力。该品种花瓣洁白如玉、细腻丰满，酷似百合鳞片，故名。品质良，陈德忠新育品种，成仿云、陈德忠 1996 年命名。

‘冰山翡翠’‘Bing Shan Fei Cui’

‘冰山翡翠’‘Bing Shan Fei Cui’

花白色，绣球型、台阁绣球型。花头侧垂，花径中等。外瓣下垂，舒展，瓣缘深裂；内瓣轻褶紧凑，瓣基色斑中等大小，红色，圆形，斑缘整齐，稍透背。雄蕊无；心皮败育或瓣化，房衣白色，残存，柱头绿色。

植株高大直立，长势强，嫩枝较长。大型圆叶，叶柄斜伸或上举，叶色深绿，小叶较大，数量少，稍卷，排列正常。花香，花期中，很少结实。该品种花朵冰清，花心中央之绿色彩瓣就像冰山之翡翠，尤其在露色期和初花期更为明显。品质良，陈德忠1993年选育并命名。

‘凤雏’‘Feng Chu’

花白色，绣球型、皇冠型。花头直立，花径中等。外瓣舒展，微垂，瓣缘平滑，基部色斑特大，深棕红色，椭圆形，斑缘辐射状；内瓣紧凑，瓣端深齿裂，心瓣宽展直立，腰瓣细碎较小。雄蕊残存，藏金，花丝白色；雌蕊隐含，心皮正常，房衣全包，黄白色，柱头黄色。

植株直立，长势一般，嫩枝较短。中型长叶，叶柄斜伸，叶色浅绿，小叶稍卷，排列稀疏。花淡香，花期中，结实。该品种内瓣常深裂至羽状，整个花朵似初羽的小鸡，故名。品质良，新品种，成仿云、陈德忠1996年命名，兰州、临洮等地栽培。

‘凤雏’‘Feng Chu’

‘绿蝴蝶’‘Lü Hu Die’

‘绿蝴蝶’‘Lü Hu Die’

‘青心白’‘Qing Xin Bai’

‘玉瓣绣球’‘Yu Ban Xiu Qiu’

‘绿蝴蝶’‘Lü Hu Die’

花白色，绣球型或皇冠型。花头侧垂或直立，花径小。外瓣大而平展，基部色斑中等大小，紫黑色，近三角形；内瓣宽阔、轻褶层叠，一些花瓣瓣端有绿色斑，偶有少数花瓣呈绿色。雄蕊残存、藏金，花丝白色；雌蕊隐含，心皮正常，房衣全包，浅裂，黄白色，柱头黄白色。

植株半开张，偏矮小，长势一般，嫩枝较短。中型长叶，叶柄斜伸，叶片绿色；小叶稍卷，质地较厚，排列正常。花浓香，花期中，结实。品质良，传统品种，在临夏、和政、临洮和康乐等地栽培，在临洮称‘绿牡丹’。

‘青心白’‘Qing Xin Bai’

花白色，绣球型、皇冠型。花头直立，花径大。外瓣平直舒展，整齐；内瓣宽阔整齐；瓣基色斑中等大小，棕红色，椭圆形，斑缘辐射状。无雄蕊；雌蕊微显，心皮败育，柱头乳黄色，房衣残存，白色。

植株直立，长势强，嫩枝较长。大型圆叶，叶柄平伸，叶色深绿有褐晕；小叶稍卷，质地较厚，数量少，排列正常。花香，花期中晚，不结实。品质良，临洮、临夏等地习见传统品种。

‘玉瓣绣球’‘Yu Ban Xiu Qiu’

花纯白色，绣球型。花头直立，花朵中等大小。花瓣大而展，质地较厚，瓣基色斑中等大小，紫红色，菱形或椭圆形，斑缘不规则。雄蕊残存，夹杂于内瓣间，花丝常带紫晕；心皮正常或败育，房衣白色，柱头黄色。

植株半开张，长势强，嫩枝较长。中型长叶，叶柄斜伸，柄凹土黄，叶色深绿；小叶数量一般或多。花淡香，花期中，结实或不结实。品质良，陈德忠选育并命名。

‘玉壶冰心’‘Yu Hu Bing Xin’

花纯白色，台阁绣球型或台阁托桂型。花头直立，花径大。外瓣下垂、舒展，色斑大，深红色，椭圆形，瓣背有明显宽白中肋；内瓣细窄或宽阔，皱软，色斑鲜红显著，其间常夹杂多数正常雄蕊。花丝白色；雌蕊微显或隐含，下位花之雌蕊瓣化，房衣残留，上位花之心皮退化败育。

植株半开张至开张，长势强，嫩枝较长。大型长叶，叶柄斜伸或平伸，叶色深绿；小叶较大，数量一般或少，排列正常。该品种花大而繁，色纯而淡香，花期中晚，不结实，为临夏习见传统优良品种。因红色色斑大而显著，与纯白的花瓣形成鲜明对比，又常被称为‘白狗吐血’。

‘玉壶冰心’‘Yu Hu Bing Xin’
（上：台阁托桂型；中：台阁菊花型；下：台阁绣球型）

‘宝莲灯’‘Bao Lian Deng’

‘宝莲灯’‘Bao Lian Deng’

花浅粉色至深粉色，单瓣型。花头直立，花径中偏大。花瓣大而舒展，基部色斑中等大小，紫红色，卵圆形，边缘辐射状，稍透背。雌、雄蕊发育良好，花丝粉色，房衣浅粉红，柱头黄色。

植株直立，长势强，嫩枝较长。大型长叶，叶柄平伸或斜伸，叶色深绿有褐晕；小叶排列致密。花淡香，花期中，结实能力强。该品种花瓣端部色明显较基部深，内层花瓣上举、边缘微内卷，似荷灯高照，故名。品质良，陈德忠1995年选育并命名。

‘粉荷’‘Fen He’

花浅红粉色，单瓣型。花头直立，花径中偏小。花瓣平伸，舒展整齐，瓣基色斑中等大小，紫红至紫黑色，近圆形，斑缘辐射状，稍透背。雄蕊发育正常，排列整齐，花丝浅紫红或浅红色；雌蕊袒露，房衣淡紫色，全包，心皮正常，柱头桃红色。

植株半开张，长势一般，土芽多，嫩枝较长。中型圆叶，叶柄斜伸，叶色绿；小叶稍卷，排列正常。花香，花期中，结实多。品质良，兰州、临洮、临夏等地多见。

‘粉金玉’‘Fen Jin Yu’

花深粉色（瓣端色较浅），单瓣型。花头侧垂，花径中等。花瓣平伸舒展，整齐，基部色斑大，紫红色，卵圆形，斑缘辐射状，透背。雄蕊正常，花药多，排列整齐，花丝基部淡红色；雌蕊袒露，心皮正常，房衣及柱头白色。

植株直立，长势一般，土芽多，嫩枝较长。中型长叶，叶柄斜伸，叶色浅绿；小叶少，稍卷，排列致密。花香，花期中，结实多。品质良，陈德忠1993年选育并命名。

‘粉霞迎日’‘Fen Xia Ying Ri’

花淡粉色，单瓣型。花头直立，花径中等。花瓣舒展，色斑中等大小，紫红色，卵圆形，斑缘辐射状。雄蕊正常，数量多，排列整齐，花丝鲜红色；雌蕊袒露，心皮正常，房衣紫红色，全包，柱头红色。

植株直立，长势强，嫩枝较长。大型圆叶，叶柄斜伸；小叶平展，数量少。花香，花期中，结实多。该品种花心与色斑相映，在晨光中云蒸霞蔚，故名。新品种，陈德忠选育，陈德忠、成仿云1996年命名。

‘粉霞迎日’‘Fen Xia Ying Ri’

‘粉荷’‘Fen He’

‘粉金玉’‘Fen Jin Yu’

‘光芒四射’‘Guang Mang Si She’

‘太白醉酒’‘Tai Bai Zui Jiu’

‘西施醉酒’‘Xi Shi Zui Jiu’

‘新星’‘Xin Xing’

‘光芒四射’‘Guang Mang Si She’

花粉色，单瓣型。花头直立，花径中等。花瓣平伸，舒展，整齐，基部色斑小，棕褐色，斑缘辐射状。雄蕊正常，数量多，排列整齐，花丝鲜红色；雌蕊袒露，房衣紫红色，全包，心皮正常，柱头红色。

植株直立，长势强，嫩枝较长。大型长叶，叶柄斜伸，叶色绿有褐晕；小叶平展。花香，花期中，结实多。该品种从花心沿花瓣基部色斑向外发出许多深粉色辐射纹，故名。品质良，陈德忠选育，陈德忠、成仿云1995年命名。

‘太白醉酒’‘Tai Bai Zui Jiu’

花淡白粉色，单瓣型。花头直立，花径中等。花瓣略皱，内轮上举，色略深，基部色斑中等，紫红色，椭圆形，斑缘整齐或辐射状。雌、雄蕊正常，袒露，花药多，排列整齐，花具粉红色晕，粉红色房衣残存，柱头红色。

植株直立，长势强，嫩枝较长。中型长叶，叶柄斜伸，叶色绿；小叶稍卷。花香，花期中，结实多。品质良，传统品种，临洮、临夏、兰州等地栽培。

‘西施醉酒’‘Xi Shi Zui Jiu’

花深粉色，单瓣型。花头直立，花径中等。花瓣斜伸，舒展整齐，上端部花色变淡，基部色斑中等大小，紫红色，椭圆形，斑缘辐射状。雄蕊多，排列整齐，花丝白色；雌蕊袒露，心皮正常，房衣全包，紫红色，柱头红色。

植株直立，长势一般。大型长叶，叶柄斜伸，叶色深绿；小叶稍卷，长椭圆形或略披针形，排列稀疏。花淡香，花期早，结实多。品质中，传统品种，临洮、临夏等地栽培。

‘新星’‘Xin Xing’

花粉色略泛红，单瓣型。花头直立，花径中等。花瓣近倒卵圆型，瓣基色斑中等，棕红色，卵状三角形，斑缘辐射状。雌、雄蕊袒露，发育正常，花丝、房衣、柱头均为红色。

‘红光满面’‘Hong Guang Man Mian’

植株直立或半开张，长势强，嫩枝较长。大型圆叶；小叶偏大，排列稀疏。花淡香，花期中，结实多。品质中，陈德忠1997年选育并命名。

‘红光满面’‘Hong Guang Man Mian’

花粉色，荷花型。花头直立或略侧垂，花径大。花瓣大而舒展，基部色斑特大，紫红色，近圆形。雄蕊少，花丝白色；雌蕊正常或少，房衣残存，粉色，柱头浅红。

植株开张，长势一般，嫩枝较长。中型长叶，叶柄斜伸，浅绿色；小叶平展，质地较薄。花香，花期中，花繁，结实多。品质中，陈德忠1994年命名，兰州等地栽培。

‘娇容’‘Jiao Rong’

花粉色，荷花型。花头直立，花径中等。

‘红光满面’‘Hong Guang Man Mian’

花瓣斜伸，平直舒展，基部色斑大，黑色，卵圆形，透背，斑缘辐射状。花药着生整齐，常常高于柱头，花丝红色；雌蕊裸露，房衣白色，全包，心皮正常，柱头白色。

植株直立，长势一般，嫩枝较短。小型圆叶，叶柄斜伸，叶色浅绿有褐晕；小叶平展，数量少，质地较薄。花香，花期中，结实多。品质中，陈德忠1994年选育并命名。

‘娇容’‘Jiao Rong’

‘金叶粉’‘Jin Ye Fen’

‘金叶粉’‘Jin Ye Fen’

花粉色，荷花型。花头直立，花径大。花瓣大而皱软，基部色斑大，黑色，透背，斑缘辐射状。雌、雄蕊数正常，花丝白色，房衣白色，半包，柱头白色。

植株直立，长势强，嫩枝较长。中型长叶，叶柄斜伸，部分叶片金黄；小叶平展，质地较薄，排列稀疏。花香，花期晚，结实。品质中，陈德忠1996年选育并命名。

‘巨粉三变’‘Ju Fen San Bian’

花粉色，随开花过程变浅，荷花型。花头侧垂，花径大。花瓣大而平展，瓣缘平滑，基部色斑大，紫红色，圆形，斑缘辐射状，微透背。雄蕊正常，花药多，花丝白色；雌蕊袒露，心皮正常，房衣及柱头白色。

植株直立，长势强。中型长叶，叶柄斜伸，叶色深绿有褐晕；小叶平展，数量一般或少，长椭圆形或略披针形。花淡香，花期早，结实多。品质中，陈德忠1995年选育并命名。

‘巨粉三变’‘Ju Fen San Bian’

‘昙花粉’‘Tan Hua Fen’

‘昙花粉’‘Tan Hua Fen’

花粉色，荷花型、菊花型。花头直立，花径中等。花瓣外侧2～3轮大而舒展，里侧1～2轮皱软；基部色斑大，黑色，圆形，微透背，斑缘辐射状。花药多，花丝白色；心皮正常，黄色房衣半包，柱头乳黄色。

植株开张，长势一般。小型长叶，叶柄平伸，叶色深绿；小叶少，质地较厚。花淡香，花期早，结实多。该品种花开后内轮花瓣很快由粉变白，似昙花一现，故名。品质中，陈德忠1994年选育并命名。

‘粉面桃腮’ ‘Fen Mian Tao Sai’

花粉色，菊花型、荷花型。花头直立，花径小。外瓣平直舒展；内瓣宽阔整齐，坚挺层叠；色斑中等大小，淡红色，卵圆形，斑缘整齐。雄蕊正常，花药数量多，花丝白色；雌蕊袒露，心皮正常，房衣白色，全包，柱头黄色。

植株半开张，长势一般，嫩枝较短。中型圆叶，叶柄斜伸，叶色浅绿有褐晕；小叶平展，数量少，质地较薄。花淡香，花期早，结实。品质良，陈德忠选育，陈德忠、成仿云 1996 年命名。

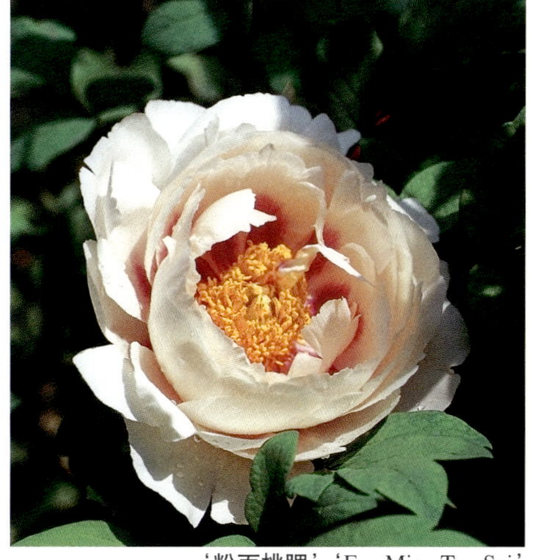

‘粉面桃腮’ ‘Fen Mian Tao Sai’

‘粉玉’ ‘Fen Yu’

花粉色，菊花型。花头直立，花径中等。外瓣舒展，平伸；内瓣宽阔整齐；基部色斑中等大小，棕红色，菱形，微透背，斑缘辐射状。部分正常花药残存，腰金（内外瓣间有分布），花丝白色；雌蕊微显，房衣黄色，残存，心皮正常，柱头乳黄。

‘粉玉’ ‘Fen Yu’

植株半开张，长势强。中型圆叶，叶柄斜伸，叶色深绿有褐晕；小叶稍卷，数量一般，质地较厚，排列致密。花香，花期中，结实多。品质良，陈德忠1994年选育并命名。

‘桃花春’ ‘Tao Hua Chun’

花桃粉色，菊花型、荷花型。花头直立，花径中偏小。花瓣坚挺层叠，由外向内逐渐变小，排列整齐；基部色斑小，淡紫红色，卵圆形，斑缘辐射状。雄蕊正常，花药多，排列不整齐，偶有个别瓣化，花丝粉色；雌蕊袒露，心皮正常，柱头粉色，房衣白色，全包。

植株直立，长势强。中型长叶，叶柄斜伸，叶色深绿有褐晕；小叶平展，数量多或特多，3 裂后小裂片再 2 裂或 3 裂，排列致密。花淡香，花期中晚，结实。该品种花色粉中泛白，花瓣排列整齐，色斑小而显著，似朵朵桃花，甚为可爱。品质良，陈德忠选育，陈德忠、成仿云 1996 年命名。

‘桃花春’ ‘Tao Hua Chun’

‘嫦娥奔月’‘Chang E Ben Yue’

花粉色，初花时色较深，蔷薇型、菊花型。花头直立，花径中等。外瓣斜伸，平直舒展；内瓣轻褶紧凑；基部色斑大，黑色，卵圆形，透背，斑缘辐射状。雄蕊着生整齐，花丝白色；雌蕊微显，心皮正常，柱头黄色、倒卷，房衣黄色、残存。

植株半开张，长势强，嫩枝较长。中型圆叶，叶柄斜伸，叶色深绿；小叶稍卷，数量少，质地较厚，排列致密。花淡香，花期中，结实能力强。该品种花瓣背部中央顶端有一流星状深粉红或粉紫色晕斑，喻嫦娥奔月。品质中，陈德忠选育，陈德忠、成仿云1996年命名。

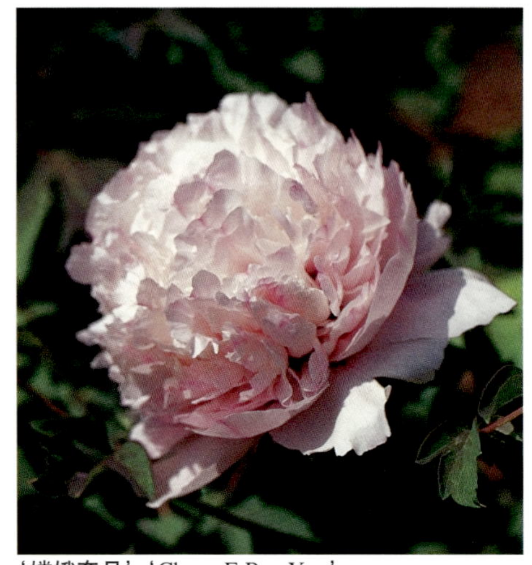

‘嫦娥奔月’‘Chang E Ben Yue’

‘观音面’‘Guan Yin Mian’

花浅粉至粉蓝色，蔷薇型、菊花型。花头侧垂或直立，花径中等。花瓣大而平展，轻褶紧凑；色斑中等大小，深紫红至紫黑色，近三角形，斑缘辐射状，斑背具白色中肋。雄蕊较少，花丝紫红色；雌蕊微显，心皮有时2轮，外轮5～6枚较大，内轮3～4枚较小，房衣半包，黄白色，柱头黄白色。

植株半开张，长势强，土芽多，嫩枝较短。中型圆叶，叶柄斜伸，叶色浅绿；小叶较大，叶缘稍卷，质地较厚。花浓香，花期中，结实。品质中，传统品种。该品种花繁、色鲜，长势强，繁殖易，但花期短、不耐日晒，在临夏、临洮及陇西、漳县、岷县等周围地县栽培传播广。然而各地在花色、花型以及枝叶形态上又有一定差异，反映了其起源的复杂性。

‘美人面’‘Mei Ren Mian’

又名‘粉娥娇’（‘Fen E Jiao’）。花粉色，盛开时变浅，花型多变（多为蔷薇型、菊花型，荷花型、托桂型或皇冠型也常发生）。花头直立或侧垂，花径大。内外花瓣均大而平展，瓣缘轻皱，排列整齐；营养不良或生长不好时开荷花型，或内瓣减少，舒展疏松，有时仅有少数条形瓣而呈托桂型；外瓣基部色斑大或特大，紫黑色，近菱形；内瓣基部色斑紫红色，长可达花瓣之一半。雄蕊少或残存，夹杂于内瓣间（藏金）或排列正常（雌蕊周围），花丝黄白色；雌蕊正常，柱头白色，房衣紧包，乳白色。

‘美人面’‘Mai Ren Mian’（上图左、中、右分别为蔷薇型、托桂型、荷花型；下图为开花植株）

‘观音面’‘Guan Yin Mian’

‘观音面’‘Guan Yin Mian’

‘菊花粉’‘Ju Hua Fen’

‘粉楼插翠’‘Fen Lou Cha Cui’

植株半开张或开张，高大（40年生株高200cm，冠幅220cm，着花300朵以上），长势强，分枝能力强，嫩枝较长。中型长叶，叶柄斜伸或平伸，叶片绿色；小叶长椭圆形，较大。花淡香，花期早，结实多。传统品种，其中花色较浅而淡者称‘美人面’，花色较深而鲜艳者称‘粉娥娇’，因花大、花繁、花期长、花色纯、耐日晒和生长旺盛等特点而品质优。临夏、临洮及兰州等地均栽培，西北民族学院校园栽培较为集中。

‘菊花粉’‘Ju Hua Fen’

花粉色，瓣端色较浅，托桂型、绣球型。花头直立，花径中等。外瓣平伸舒展；内瓣细窄直立，有时变得宽阔整齐；瓣基色斑中等，紫红色，近卵圆，斑缘辐射状。雄蕊多，花药点金、藏金或腰金，花丝紫色；雌蕊微显，心皮正常，柱头黄白色，房衣白色，全包，浅裂。

植株半开张，长势强，嫩枝较长。中型长叶，叶柄斜伸，叶色浅绿；小叶内卷，质地较厚，排列正常。花香，花期早，结实。品质良，陈德忠、成仿云1996年命名。

‘白醉妃’‘Bai Zui Fei’

花粉色，皇冠型。花头侧垂，花径中偏大。外瓣大而平展；内瓣轻褶紧凑，瓣缘不规则裂；基部色斑大，紫红色，椭圆形。雄蕊残存，花丝白色；雌蕊正常，柱头粉红色，房衣半包，浅裂，白色。

‘白醉妃’‘Bai Zui Fei’

‘粉皇冠’‘Fen Huang Guan’

植株半开张（45年生株高150cm，冠幅120cm），长势弱，嫩枝较短。中型长叶，叶柄斜伸，叶色绿具褐晕；小叶稍卷。花浓香，花期中，结实。品质良，传统品种，临夏、临洮、康乐等地栽培。

‘粉皇冠’‘Fen Huang Guan’

花深粉色，皇冠型。花头侧垂，花径中等。外瓣平伸，皱软曲褶，瓣缘平滑；内瓣宽阔整齐，分层明显；瓣基部色斑中等大小，棕红色，卵圆形，斑缘辐射状。雄蕊残存，点金，花丝深紫色；雌蕊隐含，房衣残存，黄白色，心皮正常，柱头黄色。

植株直立，长势一般，嫩枝较短。中型长叶，叶柄斜伸，叶色深绿有褐色晕；小叶质地较厚。花香，花期中，结实。品质良，李嘉珏、成仿云2002年命名，临夏东郊公园栽培。

‘粉楼插翠’‘Fen Lou Cha Cui’

花深粉色，皇冠型、台阁皇冠型。花头直立或侧垂，花径中等。外瓣平直舒展，基部色斑大，紫红色；内瓣分层明显，腰瓣较心瓣稍小。雄蕊及房衣消失，心皮常瓣化成绿色彩瓣。

植株直立或半开张，长势一般，嫩枝较长。中型长叶，叶柄斜伸，叶色浅绿；小叶平展。花香，花期中，不结实。该品种因绿色彩瓣镶嵌于花朵之上而得名。品质良，陈德忠选育，陈德忠、成仿云1996年命名。

‘粉玉三台’‘Fen Yu San Tai’

‘粉玉三台’‘Fen Yu San Tai’

‘粉玉三台’‘Fen Yu San Tai’

花粉色，皇冠型。花头直立，花径中偏大。外瓣平直舒展，粉红色；内瓣分层明显，腰瓣细小，粉白色，心瓣宽阔，粉红色；色斑中等大小，褐紫色，椭圆形。雄蕊残存，花丝白色；雌蕊隐含，房衣近无，心皮败育，柱头常瓣化成绿色。

植株半开张，长势一般，嫩枝较长。小型长叶，叶柄斜伸，叶色浅绿；小叶平展。花香，花期中，不结实。该品种花型高耸，外瓣、腰瓣和心瓣的形状和颜色明显不同而分为3层（台），故名。品质良，陈德忠选育，陈德忠、成仿云1996年命名。

‘河州粉’‘He Zhou Fen’

花纯粉色或青粉色，皇冠型、绣球型。花头侧垂，花径大或中偏大。外瓣平伸，舒展；内瓣坚挺层叠，腰瓣常为细窄之条形瓣，心瓣宽大整齐，直立高耸；瓣基部色斑中等大小，红色，椭圆形，斑缘整齐或辐射状。雄蕊较少或残存，分布在雌蕊周围，花丝白色；雌蕊瓣化为伸长的白色瓣，房衣残存，白色。

植株直立，长势强，嫩枝较短、粗壮，有紫红色晕。中型圆叶，叶柄斜伸，叶色绿；小叶数量少，质地一般或较薄。花清香，花期中，不结实。品质优，传统品种，临夏等地栽培，因腰瓣常常泛黄晕，故又称‘腰黄’、‘姚黄’。

‘红线女’‘Hong Xian Nü’

花粉色，皇冠型。花头直立，花径中等。外瓣平直舒展；内瓣轻褶紧凑，瓣中央有一显著的深粉红色线（故名），腰瓣明显较心瓣小；基部色斑小，棕红色，菱形或椭圆形。雄蕊残存，藏金，花丝白色；雌蕊隐含，房衣半包，浅裂，白色，心皮正常，柱头乳黄色。

植株半开张，长势一般，嫩枝较长。中型长叶，叶柄斜伸，叶

‘河州粉’‘He Zhou Fen’

‘河州粉’‘He Zhou Fen’

'红线女''Hong Xian Nü'

'牧羊女''Mu Yang Nü'

片浅绿色；小叶平展。花香，花期早，花繁，结实。品质良，陈德忠选育，成仿云1994年国际登录，兰州等地栽培。

'牧羊女''Mu Yang Nü'

花浅粉色，不均匀，皇冠型、绣球型。花头直立，花径中等。外瓣平直舒展，下垂；内瓣坚挺层叠；基部色斑小，黑色，卵圆形，斑缘辐射状。雄蕊残存，花丝白色；雌蕊隐含，房衣残存，心皮正常，柱头黄色。

植株半开张，长势一般，嫩枝较长。中型长叶，叶柄平伸，深绿色；小叶平展。花香，花期中，结实。品质良，陈德忠1995年选育并命名。

'神女''Shen Nü'

花深粉色，瓣端色变浅，皇冠型。花头直立，花径中等。外瓣平伸，舒展，瓣缘平滑；内瓣宽阔整齐，分层明显（腰瓣细小）；色斑中等大小，棕红色，椭圆形，斑缘辐射状，稍透背。雄蕊残存，部分正常，花丝白色；雌蕊正常，房衣黄色，残存，全裂，心皮正常，柱头白色。

植株直立，长势强。中型长叶，叶柄平伸，叶色深绿有褐缘；小叶平展，质地较厚。花淡香，花期中，结实多。品质中，陈德忠1995年选育并命名。

'素粉绫''Su Fen Ling'

花粉色，皇冠型。花头直立，花径中等。外瓣平伸，皱软曲褶多变；内瓣轻褶紧凑；基部色斑中等大小，紫红色，卵圆形，微透背，斑缘辐射状。雄蕊残存，藏金或点金，花丝白色；房衣残存，心皮正常，柱头白色。

植株直立，长势强。中型长叶，叶柄平伸，叶深绿、缘发紫；小叶内卷，排列稀疏。花淡香，花期中，结实。品质良，陈德忠1993年选育并命名。

'神女''Shen Nü'

'素粉绫''Su Fen Ling'

‘晚霞’‘Wan Xia’

花粉色，皇冠型、绣球型。花头直立，花径中。外瓣平直舒展；内瓣舒展疏松，不十分整齐；色斑中等大小或小，黑色，菱形，斑缘辐射状。雄蕊无；雌蕊隐含，心皮正常，柱头白色，房衣半包，白色，有紫色小斑点。

植株半开张，长势一般，嫩枝较长。中型长叶斜伸，叶色深绿有褐缘；小叶多，内卷，排列致密。花香，花期晚，结实少。品质良，边宇民选育，成仿云、边宇民2000年命名。

‘小侠’‘Xiao Xia’

花粉色，皇冠型。花头直立，花径小。外瓣平直舒展；内瓣轻褶紧凑；花瓣基部色斑大，棕红色，椭圆形，斑缘辐射状。雄蕊残存，腰金或藏金，花丝白色；雌蕊隐含，房衣白色，半包，心皮正常，柱头黄色。

植株直立，长势强，萌蘖中。中型长叶，叶柄斜伸，浅绿；小叶稍卷，数量及质地一般，排列稀疏。花香，花期中，结实。该品种花色不十分均匀，粉中透灰白。品质中，陈德忠1994年选育并命名。

‘玉兔天仙’‘Yu Tu Tian Xian’

花淡粉色，皇冠型、台阁皇冠型。花头直立或侧垂，花径中等。外瓣平直舒展；内瓣坚挺层叠；基部色斑中等大小，黑色，椭圆形或菱形，斑缘辐射状，明显透背，背肋不明显。雄蕊残存，在雌蕊周围较多，花药肥大，花丝白色；雌蕊隐含，房衣白色，两轮，下轮（下位花）5个分离排列成一圈，上轮为上位花之房衣，上下轮之间常有花药或花瓣存在，心皮数量异常，部分瓣化。

植株开张，长势一般，嫩枝较短，萌蘖枝多。中型长叶，叶柄斜伸，叶色浅绿；小叶平展。花淡香，花期中，不结实。该品种花色及质地细腻，似美女天仙；有时花瓣夹于雌蕊之中，在花心似兔耳直立，故名。品质良，临夏传统品种。

‘昭君飞晕’‘Zhao Jun Fei Yun’

初花期呈深粉红色，盛花期浅粉色具不规则深粉色晕，皇冠型、蔷薇型。花头直立或侧垂，花径中等。外瓣斜伸，平直舒展，瓣缘平滑；内瓣宽阔整齐，瓣缘不规则裂；基部色斑特大，鲜红色，椭圆形，斑缘辐射状，背斑红色，较大。雄蕊残存，花丝白色；雌蕊隐含，房衣白色，半包，心皮正常，柱头白色。

植株直立，长势强，嫩枝较长。中型长叶，叶柄上举，叶色深绿；小叶稍卷。花香，花期早，结实多。品质良，陈德忠选育，陈德忠、成仿云1996年命名。

‘醉桃’‘Zui Tao’

花粉色、具蓝紫色纹，皇冠型。花头直立或侧垂，花径中等。外瓣平直，舒展整齐，瓣缘平滑；内瓣坚挺层叠，点金少；基部色斑中等大小，紫红色，卵圆形，斑缘辐射状。雄蕊残存，花丝白色；雌蕊微显，房衣半包，白色，心皮数量异常，瓣化为绿色瓣。

植株半开张，长势一般，嫩枝较短。中型长叶，叶柄平伸或

‘晚霞’‘Wan Xia’

‘昭君飞晕’‘Zhao Jun Fei Yun’

‘小侠’‘Xiao Xia’

‘玉兔天仙’‘Yu Tu Tian Xian’

‘醉桃’‘Zui Tao’

‘粉西施’‘Fen Xi Shi’

‘金城晚霞’‘Jin Cheng Wan Xia’

‘洮阳粉’‘Tao Yang Fen’

‘天山侠女’‘Tian Shan Xia Nü’

斜伸，叶色深绿；小叶多，叶缘稍卷。花清香，花期中，不结实。品质良，传统品种，临洮、临夏等地栽培。

‘粉西施’‘Fen Xi Shi’

花淡粉色，绣球型。花头侧垂，花径中等。外瓣平直舒展；内瓣轻褶紧凑，色斑中等大小，棕红色，菱形。雄蕊残存，藏金，花丝白色；雌蕊隐含，心皮正常，房衣半包，白色，柱头乳黄。

植株半开张，长势一般，嫩枝较短。中型圆叶，叶柄斜伸，叶色浅绿；小叶数量少，排列致密。花香，花期中，结实。品质良，临夏、临洮常见传统品种。

‘金城晚霞’‘Jin Cheng Wan Xia’

花粉色（初开时青粉色明显，随后逐渐转白色；盛花时瓣端中央有粉色晕），绣球型、皇冠型。花头侧垂，花径小。外瓣斜伸，皱软曲褶，瓣缘不规则；内瓣宽阔，轻褶紧凑，瓣基部色斑大，棕红色，卵圆形，斑缘辐射状，透背明显，斑背有白色条肋。雄蕊残存，藏金，花丝白色；雌蕊隐含，房衣半包，白色，心皮正常，柱头黄色。

植株开张，长势强，嫩枝较长。中型圆叶，叶柄平伸或斜伸，叶深绿色带褐晕；小叶稍卷，排列稀疏。花淡香，花期晚，结实。品质良，兰州宁卧庄宾馆栽培，成仿云2002年命名，兰州、临洮等地偶见。

‘桃花三转’‘Tao Hua San Zhuan’

花开时由淡粉蓝、浅紫变为粉色，绣球型、皇冠型。花头直立或略侧垂，花径中偏大。外瓣平伸，舒展，瓣缘平滑；内瓣分层明显，腰瓣为细窄条瓣，心瓣宽阔整齐；基部色斑中等大小，暗紫红色，近菱形，斑缘辐射状，背斑小，暗紫红色。雄蕊残存，藏金，花丝白中带粉；雌蕊隐含，心皮正常，房衣半包，黄色有紫晕，柱头黄色。

植株直立或半开张，长势一般，嫩枝较长。中型圆叶偏大，叶柄斜伸或平伸，叶色浅绿带褐晕；小叶较厚，叶缘稍卷。花香，花期中，结实。品质良，传统品种，因开花过程中花色多变而得名，有时又称‘三转’。兰州、临洮、临夏栽培。

‘洮阳粉’‘Tao Yang Fen’

花粉红色，绣球型。花头直立，花径中偏大。外瓣下垂，瓣缘平滑或齿裂；内瓣宽阔整齐，舒展疏松；基部色斑中等大小，棕红色，卵圆形，中央有一白色条纹，斑缘整齐。雄蕊退化消失；雌蕊隐含，房衣残存，粉色，心皮正常，柱头粉色。

植株直立，长势一般，嫩枝长达65cm。中型圆叶，叶柄斜伸，叶色深绿；小叶平展，数量少，质地较厚，排列稀疏。花香，花期中，结实。临洮又称洮阳，该品种因出自临洮而得名，品质良。

‘天山侠女’‘Tian Shan Xia Nü’

花粉红色泛蓝，瓣端粉白，绣球型、皇冠型。花头侧垂，花径中等。外瓣下垂或平伸，瓣基色斑大，黑色，卵圆或椭圆形，斑缘辐射状，微透背；内瓣轻褶紧凑，腰瓣稍细小，心瓣宽大紧凑。雄蕊残存，花丝白色；雌蕊隐含，心皮正常，房衣白色，残存，柱头黄色。

植株半开张，长势一般，嫩枝较长。中型圆叶，叶柄平伸，叶色浅绿有褐晕；小叶内卷，数量少，排列稀疏。花香，花期中晚，结实。品质中，陈德忠1994年选育并命名。

‘桃花三转’‘Tao Hua San Zhuan’

‘关公红’‘Guan Gong Hong’

‘河州红’‘He Zhou Hong’

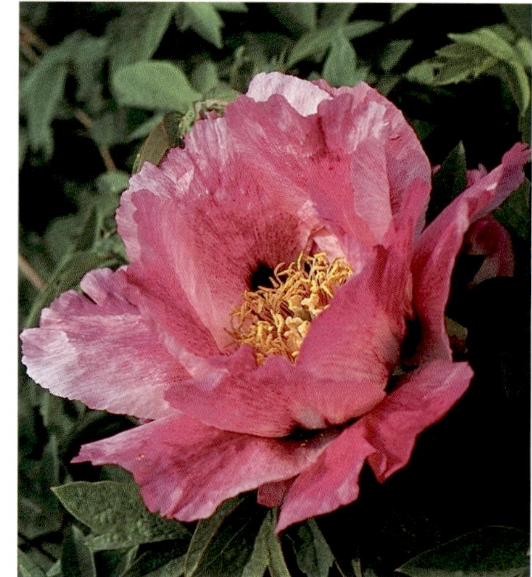
‘红灯照’‘Hong Deng Zhao’

‘关公红’‘Guan Gong Hong’

花紫红色，单瓣型。花头直立，花径中等偏大。花瓣颜色纯正，大而展，斜伸，瓣缘平滑；基部色斑大，黑色，椭圆形，斑缘辐射状，具黑色大背斑。雌、雄蕊正常，袒露，花药多，花丝粉色或红色；房衣半包，粉色，心皮黄色，柱头粉色。

植株开张，长势一般，嫩枝较长。中型长叶，叶柄上举，叶色浅绿或淡黄；小叶平展。花淡香，花期中，结实多。品质良，陈德忠1994年选育并命名。

‘红灯照’‘Hong Deng Zhao’

‘河州红’‘He Zhou Hong’

花鲜紫红色，单瓣型、荷花型。花头直立，花径小。花瓣斜伸，色斑中等大小，黑色，长椭圆形，瓣背具白色中肋。雌、雄蕊正常，袒露，花丝、房衣和柱头均为红色。

植株直立，分蘖多，长势强，嫩枝较长。中型圆叶，叶柄平伸或斜伸，叶色绿；小叶少，质地较薄。中花品种，淡香，花期长，结实能力强。品质良，临夏传统品种，常被用于药材（丹皮）生产。

‘红灯照’‘Hong Deng Zhao’

花红色，瓣端色较深，单瓣型。花头直立，花径中等。花瓣大而舒展，瓣基色斑中等大小，黑色，椭圆形。雌、雄蕊正常，袒露，花丝基部红色；房衣全包，乳白色，柱头乳黄色。

植株直立，长势一般，嫩枝较长。中型长

‘红海丹心’‘Hong Hai Dan Xin’

‘红杨妃’‘Hong Yang Fei’

‘红杨妃’‘Hong Yang Fei’

‘橘园春’‘Ju Yuan Chun’

‘龙首红’‘Long Shou Hong’

‘龙首红’‘Long Shou Hong’

叶，叶色浅绿，叶缘紫红；小叶披针形，较小，质地较薄。花淡香，花期早，结实多。品质良，成仿云2002年命名，兰州龙首山庄栽培。

‘红海丹心’‘Hong Hai Dan Xin’

花红色，单瓣型。花头直立，花径中等偏小。花瓣略内卷，基部色斑中等大小，紫红色，卵圆形，斑缘辐射状。雌、雄蕊正常，袒露，花丝紫色或红色；房衣、柱头红色。

植株半开张，长势一般，嫩枝较长。大型圆叶，叶柄斜伸，叶色深绿；小叶稍卷，排列稀疏。淡香，花期中，结实能力强。该品种红花赤心，故名。品质良，陈德忠选育，陈德忠、成仿云1996年命名。

‘红杨妃’‘Hong Yang Fei’

花紫红色具光泽，单瓣型。花头直立或侧垂，花径中偏大。花瓣大展，基部色斑中等大小，暗棕红色或黑色，近卵圆形，斑缘辐射状。雌、雄蕊正常，袒露，雄蕊多，花丝长，中下部紫红色；心皮正常，柱头黄色带粉边，房衣有紫红色晕。

植株开张，长势强，嫩枝长。中型圆叶，叶柄平伸，叶色深绿；叶缘内卷。花大花繁，具淡香，花期中。品质良，兰州、临夏常见栽培。

‘橘园春’‘Ju Yuan Chun’

花橘红色，单瓣型、荷花型。花头侧垂，花径中等偏小。花瓣舒展，清秀，基部色斑中等大小，棕红色，菱形，斑缘不规则或辐射状。花药多而整齐，花丝紫红色；心皮正常，柱头黄白色，房衣白色，全包。

植株直立，长势强，嫩枝较长。中型长叶，叶柄斜伸，叶色深绿有褐晕；小叶平展，数量少，质地较厚，排列稀疏。花淡香，花期中晚，结实多。该品种花色纯正、特别，为紫斑牡丹所少有。品质良，陈德忠选育，成仿云、陈德忠1996年命名。

‘龙首红’‘Long Shou Hong’

花深红色具光泽，单瓣型。花头直立，花径中等。花瓣舒展，瓣缘圆整，瓣基色斑中等大小，黑色，椭圆形，瓣背有宽白中肋。雌、雄蕊正常，袒露，花丝中下部红色；房衣全包，乳黄色，柱头乳黄色。

植株直立至半开张，长势强，嫩枝粗壮具褐晕。中型圆叶；小叶较小，数量多或一般，排列疏松。花淡香，花繁，花色鲜艳，花期中偏早。品质良，李嘉珏、成仿云2002年兰州龙首山庄命名，兰州、陇西等地栽培。

'奥运圣火' 'Ao Yun Sheng Huo'

'奥运圣火' 'Ao Yun Sheng Huo'

'奥运圣火' 'Ao Yun Sheng Huo'

花鲜红色，荷花型、菊花型。花头直立，花径大或中偏大。外瓣两轮较大，基部色斑大，棕红色，近圆形或长椭圆形稍透背，斑缘辐射状，瓣背中白肋明显；内瓣略皱软，由雄蕊瓣化而来，其间夹杂正常花药。雌、雄蕊袒露，雄蕊少数、藏金，花丝白色，或雄蕊退化，仅残存花丝；心皮正常，房衣半包，深红紫色，柱头红色。

植株直立，长势强，嫩枝长。大型圆叶，叶色深绿；小叶偏小。该品种花大而繁，色艳，淡香，花期中偏晚。品质良，成仿云2003年选育并命名。

'大红袍' 'Da Hong Pao'

花红色，荷花型。花头直立，花径偏小。花瓣基部色斑大，紫黑色，椭圆形，斑缘整齐，透背；瓣背具白色中肋。雌、雄蕊袒露，发育正常，花药少，花丝紫红色；心皮正常，房衣紧包，乳黄色带紫晕，柱头红色。

植株半开张，长势强，嫩枝粗壮，较长。小型长叶，叶色浅绿；小叶排列致密。花淡香，花期中，结实。品质良，传统品种，临夏等地栽培。

'佛光红' 'Fo Guang Hong'

花红色，荷花型、单瓣型或菊花型。花头直立，花径小。花瓣上举，大而舒展；瓣基色斑大，黑色，卵圆形，斑缘辐射状，瓣背基部具宽阔白色肋斑，四周有白色放射状条纹（故名）。雄蕊正常，花药整齐，花丝白色；雌蕊袒露，心皮正常，房衣白色，全包，柱头白色。

植株直立，长势强，嫩枝较长。中型长叶，叶柄上举，叶色深绿有褐晕；小叶稍卷，排列稀疏。花淡香，花期中，结实能力强。品质良，陈德忠、成仿云1995年命名。

'红莲' 'Hong Lian'

花红色，荷花型。花头直立，花径中等。花瓣平直舒展，瓣缘颜色稍变浅、变白，瓣基色斑黑色，中等大小，卵圆形，斑缘辐射状。雄蕊正常，花药多，排列整齐，花丝白色或基部粉红色；雌蕊袒露，心皮正常，房衣粉色或乳黄色，柱头粉色。

植株开张，长势强，嫩枝较长。中型长叶，叶柄斜伸，叶色浅绿；小叶内卷，排列稀疏。花淡香，花期中，结实能力强。品质良，陈德忠1994年选育并命名。

'墨筒系金' 'Mo Tong Xi Jin'

花深红色，台阁荷花型。花头直立，花径中偏大。下位花花瓣3～4轮大而舒展，瓣基色斑中等大小，黑色或棕红色，椭圆形或菱形，稍透背，斑缘辐射状，瓣背具条状白肋。雄蕊多，发育正常，花药金黄色，花丝紫红色，上端部颜色变浅；雌蕊残存或完全瓣化为彩瓣。上位花花瓣少，但宽展、高耸，常将雌、雄蕊隐含其中；雄蕊正常，雌蕊败育或瓣化，房衣紫红色。

植株半开张，长势强，嫩枝较长。中型圆叶偏大，叶柄平伸或斜伸，叶色深绿具褐晕；小叶数少，排列正常。花香，花期中，不结实。该品种上位花花瓣（内花瓣）高耸，色斑墨黑（喻墨筒），四周围绕一圈下位花雄蕊（喻金），故名。品质良，传统品种，临夏等地栽培。

'大红袍' 'Da Hong Pao'

'红莲' 'Hong Lian'

'佛光红' 'Fo Guang Hong'
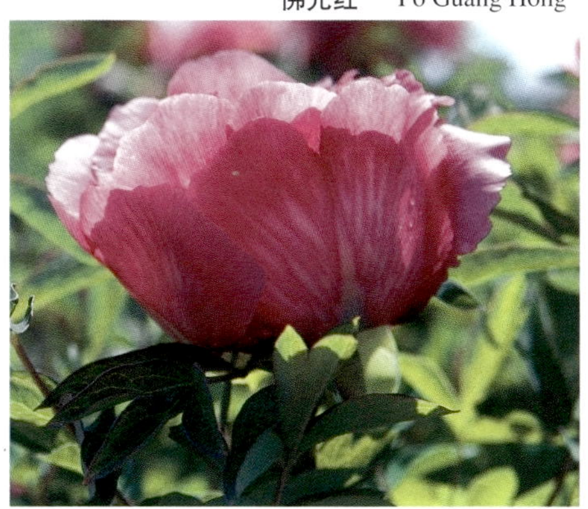

'墨筒系金' 'Mo Tong Xi Jin'

'软把杨妃' 'Ruan Ba Yang Fei'

'硬把杨妃' 'Ying Ba Yang Fei'

'洮阳狮子' 'Tao Yang Shi Zi'

'软把杨妃' 'Ruan Ba Yang Fei'

花鲜红，菊花型、荷花型。花头直立，花径中等。花瓣大而舒展，外瓣近扇形，内瓣倒卵圆形；瓣基色斑大，棕红色，卵圆形或卵状三角形，斑缘辐射状，瓣背具大型阔卵状白色中肋。雄蕊残存，花药肥大，花丝淡粉色；雌蕊袒露，房衣半包，深裂或全裂，淡红色，心皮正常，柱头红色。

植株半开张，长势强，嫩枝较长，常为绿色或黄绿色，茎粗壮。大型圆叶，叶柄常斜伸，叶色浅绿；小叶数量少，质地偏薄，排列正常。花香，花期中，结实。品质良，临夏传统品种。与'硬把杨妃'的主要区别是花色浅亮，叶大，枝软，色斑大，卵圆形，背斑阔卵形。

'洮阳狮子' 'Tao Yang Shi Zi'

花玫瑰红色，菊花型、蔷薇型或（金心）托桂型。花头直立，花径中偏大。数轮外瓣排列整齐，基部色斑中等大小，黑色，形态和斑缘不规则；内瓣由雄蕊向心瓣化形成，其形态和数量因瓣化程度而异，或细窄直立，或轻褶紧凑，或细碎多变。雄蕊多少因花型而异，一般正常花药多围绕雌蕊整齐排列，花丝粉色或红色；雌蕊隐含或袒露，心皮正常，房衣粉色或红色，柱头黄色。

植株直立，长势一般，嫩枝较长。大型长叶，叶柄平伸，叶色浅黄；小叶稍卷，质地较厚，排列稀疏。花香，花期中，结实。该品种雄蕊向心瓣化形成的内瓣杂乱、不稳定，似狮头摆动。品质良，临洮边宇民选育，成仿云2000年命名。

'硬把杨妃' 'Ying Ba Yang Fei'

花深紫红，菊花型、荷花型或蔷薇型。花头直立，花径中等。外瓣宽展，内瓣皱软纷呈；色斑小，紫红色，近椭圆形，斑缘辐射状，瓣背具长条状白色中肋。雄蕊不规则瓣化，部分花药残存，藏金，肥大，花丝中上部紫红，基部黄白；雌蕊微显或袒露，房衣半包或深齿裂，粉红，心皮正常，柱头肉红色，倒卷。

植株半开张，长势强，嫩枝较短，茎绿色。中型长叶偏小，叶柄斜伸，叶色深绿；小叶数量及质地一般，排列正常。花香，花期中，结实。品质良，临夏传统品种，临夏黄泥湾乡振华村观察记载。与'软把杨妃'的主要区别是花色深，叶小，枝硬，色斑小，椭圆形，背斑长条形。

'金花状元' 'Jin Hua Zhuang Yuan'

花红色，蔷薇型至皇冠型。花头直立或侧垂，花径小。外瓣平展，色斑中等大小，紫红色，椭圆形，斑缘辐射状，稍透背，瓣背具显著白色条斑；内瓣当雄蕊瓣化少时卷曲结绣，瓣化多时轻褶紧凑，瓣间常有大量正常花药。雄蕊部分正常，藏金、点金，并常集中在雌蕊周围整齐排列，花药和花丝均伸长变形，处于瓣化中，花丝红；雌蕊隐含或微显，房衣和柱头浅红色。

植株半开张，长势强，嫩枝较长。大型圆叶，叶柄斜伸，柄凹土黄色，叶色鲜绿；小叶质地较薄，排列疏松。花香，花期中，结实少。品质良，传统品种，有时又称'金花状元红'，临洮、临夏等地栽培。

'丽春' 'Li Chun'

花浅红色泛紫，蔷薇型。花头直立，花径小。外瓣平直舒展；内瓣宽阔整齐，色斑中等大小，紫红色，卵圆形，中央为白色条纹横穿，斑缘辐射状，不规则。无雄蕊；雌蕊袒露或微显，心皮正常或败育，柱头黄白色，房衣残存，黄白色。

植株半开张，长势强。中型圆叶，叶柄斜伸，叶色深绿；小叶稍卷或内卷，数量少，质地较厚，排列致密。花浓香，花期早，结实或不结实。品质良，陈德忠1994年选育并命名。

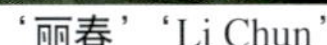

‘丽春’‘Li Chun’

‘金花状元’‘Jin Hua Zhuang Yuan’(下：开花植株；右：不同花型，从上到下为蔷薇型、托桂型与皇冠型)

'红海银波' 'Hong Hai Yin Bo'

'红海银波' 'Hong Hai Yin Bo'

'红海银岛' 'Hong Hai Yin Dao'

'红海银波' 'Hong Hai Yin Bo'

花红色，托桂型。花头直立，花径中等。外瓣斜伸，瓣缘不规则，瓣基色斑中，紫红色，斑缘不规则；内瓣皱软纷呈，端部常镶嵌白色斑块或完全形成白色与红色相间的条纹瓣。雄蕊消失或残存，白色花丝残存；雌蕊微显，心皮正常，房衣红色，残存，柱头红色。

植株半开张，长势强。小型长叶，叶柄斜伸，叶色浅绿；小叶数量较少，稍卷，排列正常。花淡香，花期中，结实能力强。该品种内瓣红白相间，白色条纹如海面泛起的缕缕银波，故名。品质良，陈德忠选育，陈德忠、成仿云1996年命名。

'红海银岛' 'Hong Hai Yin Dao'

花胭脂红色，托桂型。花头直立，花径中等偏小。外瓣轻皱，瓣缘不规则，基部色斑中，棕红色，圆形；内瓣为雄蕊瓣化不充分形成的白色条瓣，于花心聚集在一起。雄蕊退化消失或残存；心皮正常，红色房衣残存，柱头红色。

植株半开张，长势一般。中型圆叶，叶

'菊花红' 'Ju Hua Hong'

'菊花红' 'Ju Hua Hong'

'胭脂红' 'Yan Zhi Hong'

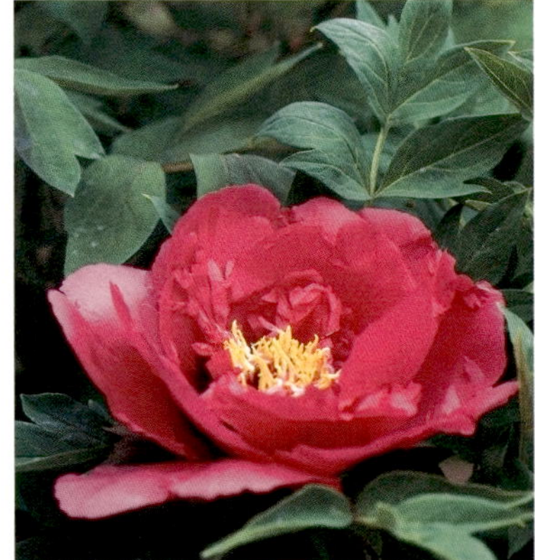
'胭脂红' 'Yan Zhi Hong'

柄斜伸，叶色深绿有褐晕；小叶稍卷，质地较厚，排列致密。花淡香，花期中，结实能力强。该品种内瓣奇特，在花心聚集喻岛，故名。品质良，陈德忠选育，陈德忠、成仿云1996年命名。

‘菊花红’‘Ju Hua Hong’

花紫红色，托桂型。花头直立或侧垂，花径中等。外瓣斜伸，宽展，瓣基色斑大，黑色，卵圆形，斑缘辐射状；内瓣细窄直立，瓣端色泛白。雄蕊残存，花丝粉色或红色；心皮正常，房衣白色，柱头红色。

植株半开张，长势一般，嫩枝较短、具褐晕。中型长叶，叶色绿带褐晕；小叶多，质地厚，排列正常。花清香，花期中偏早，结实。品质良，陈德忠1995年选育并命名。

‘胭脂红’‘Yan Zhi Hong’

花红色，托桂型、单瓣型、荷花型。花头直立，花径中等偏小。两轮外瓣舒展整齐；内瓣细软，常卷曲，有时结绣，瓣基部色斑中等大小，棕红色或紫红色，卵状三角形，斑缘辐射状；背斑基部棕红色，上部为白色。雄蕊大部分处在瓣化中，少数正常，花丝棕红色，明显伸长；雌蕊袒露，心皮正常，浅红色房衣全包，柱头淡红色。

植株直立，长势强，嫩枝较短、粗壮。中型圆叶偏大，叶柄常斜伸，叶色浅绿；小叶数少，排列正常。花香，花期中，结实。品质良，临夏传统品种，又称‘红胭脂’。

‘诚心’‘Cheng Xin’

花深红色，皇冠型。花头直立，花径中等。外瓣平伸，平直舒展；内瓣轻褶，紧凑整齐，色斑中等大小，紫红色，卵圆形，斑缘辐射状。雄蕊残存，腰金、藏金或点金，花丝白色；心皮正常，粉色房衣半包，柱头黄色。

树形半开张，长势强，嫩枝较长。中型长叶，叶柄平伸，叶色浅绿；小叶稍卷，排列正常。花淡香，花期中，结实。品质良，陈德忠1993年选育并命名。

‘诚心’‘Cheng Xin’

‘蝶恋花’‘Die Lian Hua’

‘红冠玉带’‘Hong Guan Yu Dai’

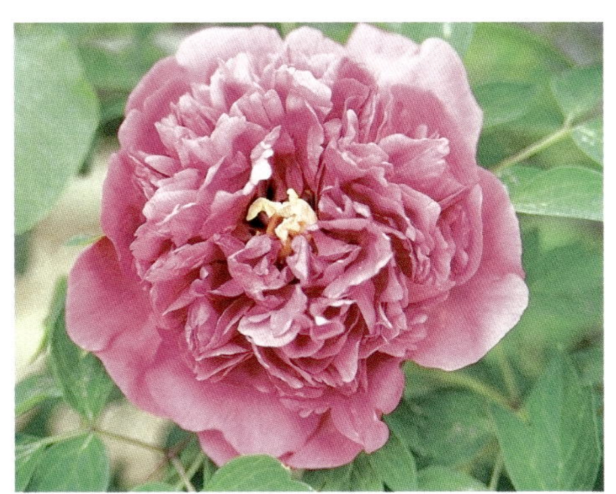
‘红冠玉簪’‘Hong Guan Yu Zan’

‘蝶恋花’‘Die Lian Hua’

花红色，台阁皇冠型。花头侧垂，花径中等。下位花外瓣平伸，皱软，瓣缘平滑，基部色斑中等大小，黑色，卵圆形，斑缘辐射状；内瓣皱软，分层。花药残存于瓣间（藏金）或瓣端（点金）；雌蕊瓣化为彩瓣，白色透绿。上方花花瓣数层大而直立，内有大量正常雄蕊以及数个瓣化心皮。

植株直立，长势一般，嫩枝较短。小型长叶，叶柄平伸，叶色浅绿有褐晕；小叶少，稍卷，排列稀疏。花淡香，花期中，无结实能力。该品种5枚彩瓣恰似蝶落花丛，翩跹起舞，故名。品质良，陈德忠选育，成仿云、陈德忠1996年命名。

‘红冠玉带’‘Hong Guan Yu Dai’

花红色，皇冠型。花头直立，花径中等。外瓣平伸舒展，瓣基色斑小，黑色，菱形，斑缘不规则；内瓣轻褶紧凑，中央具白色条纹，尤其在腰瓣中明显，或部分腰瓣形成一圈白色条瓣。雄蕊残存、点金，花丝白色；雌蕊隐含，心皮正常或败育，房衣白色，残存，柱头白色。

植株开张，长势一般，枝条细软，嫩枝较长。中型长叶，叶柄斜伸，叶色浅绿；小叶数量多，稍卷，排列稀疏。花淡香，花期中，结实。该品种内瓣中央的白色条纹和腰部的白色条瓣，似镶嵌在花冠上的玉带，故名。品质良，陈德忠1994年命名，兰州周围栽培较多。

‘红冠玉簪’‘Hong Guan Yu Zan’

花红色，皇冠型。花头直立，花径中等。外瓣大而平展；内瓣层叠整齐；色斑中等大小，黑色，椭圆形。雄蕊残存，花丝白色；心皮败育或瓣化，柱头瓣化，房衣粉红色。

植株直立，长势强，嫩枝较长。中型圆叶，叶柄近平伸，叶片浅绿带褐晕；小叶平展，排列正常。淡香，花期中、长，不结实。品质良，陈德忠1994年命名，兰州等地栽培。

‘红冠玉珠’‘Hong Guan Yu Zhu’

花红色，皇冠型。花头侧垂，花径小。外瓣斜伸，平直舒展，瓣缘平滑，瓣基部色斑中等大小，黑色，椭圆形，斑缘辐射状；内瓣分层明显。雄蕊消失；雌蕊微显，心皮正常，柱头黄色，房衣黄色，半包，深裂。

植株直立，长势一般。大型圆叶，叶柄斜伸，叶色浅绿有褐晕；小叶平展，质地较厚。花香，花期晚、较长，结实能力强。该品种花冠中央若隐若现的乳黄色雌蕊似玉如珠，故名。品质中，陈德忠1994年选育并命名。

‘红楼藏娇’‘Hong Lou Cang Jiao’

花橘红色，皇冠型。花头直立，花径中等。外瓣大而舒展，基部色斑小，棕红色；内瓣明显小，不规则皱曲，质地较薄。雄蕊消失；雌蕊隐含，心皮败育或瓣化，残存房衣白色，柱头瓣化呈绿色。

植株直立，长势强，嫩枝较长。中型长叶，叶柄斜伸，叶色深绿，叶缘褐色；小叶平展，排列稀疏。花淡香，花期中，不结实。品质良，陈德忠1994年选育并命名。

‘红冠玉珠’‘Hong Guan Yu Zhu’

‘红楼藏娇’‘Hong Lou Cang Jiao’

‘红楼惊梦’‘Hong Lou Jing Meng’

‘红玫点金’‘Hong Mei Dian Jin’

‘花红绣球’‘Hua Hong Xiu Qiu’

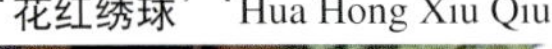
‘花红绣球’‘Hua Hong Xiu Qiu’

‘红楼惊梦’‘Hong Lou Jing Meng’

花红色，皇冠型。花头直立或侧垂，花径中等。外瓣斜伸，舒展；内瓣轻褶，上举，色斑中等大小，紫红色，卵圆形，微透背，斑缘辐射状。雄蕊退化消失；雌蕊隐含，心皮败育，柱头白色，房衣白色、残存。

植株直立，长势一般。中型圆叶，叶柄斜伸，叶色浅绿；小叶平展，排列正常。花香，花期中，不结实。品质良，陈德忠1994年选育并命名。

‘红玫点金’‘Hong Mei Dian Jin’

花红色，皇冠型。花头直立，花径中。外瓣斜伸，平直舒展；内瓣轻褶紧凑，中央心瓣高大；基部色斑大，紫红色，卵圆形，斑缘辐射状，瓣背有佛光状白色背斑。雄蕊残存，点金、藏金、腰金，花丝红色；雌蕊微显，房衣粉色或红色，半包，深裂，心皮正常，柱头粉色。

植株直立，长势强，嫩枝较长。中型圆叶，叶柄斜伸，叶色浅绿；小叶少，稍卷，排列正常。花香，花期中，结实。品质中，传统品种，兰州等地栽培。

‘花红绣球’‘Hua Hong Xiu Qiu’

花鲜红色，皇冠型。花头直立或侧垂，花径大。外瓣平伸舒展，瓣基色斑大，深紫红色，近椭圆形，稍透背，斑缘辐射状，瓣背有宽白肋；内瓣分层明显，腰瓣细窄、色浅，心瓣宽大、红色，瓣端多点金。雄蕊残存，藏金或点金，花丝基部紫红色；雌蕊微显，心皮正常，房衣全包、白色，柱头黄色。

植株直立，长势强，嫩枝较短。大型长叶，叶柄斜伸，叶色浅绿；叶片较薄。花浓香，花期晚，结实。品质优，传统品种，临夏国拱北栽培。

‘金花绣球’‘Jin Hua Xiu Qiu’

花银红色，皇冠型、绣球型。花头直立或侧垂，花径大。外瓣平伸舒展，瓣基色斑大，深紫红色，近椭圆形，稍透背，斑缘辐射状，瓣背有宽白肋；内瓣分层明显，腰瓣细窄、色浅，心瓣宽大、红色，瓣端多点金。雄蕊残存，藏金或点金，花丝基部紫红色；雌蕊微显，心皮正常，房衣全包、白色，柱头黄色。

植株直立，长势强，嫩枝较短。大型长叶，叶柄斜伸，叶色浅绿；叶片较薄。花浓香，花期晚，结实。开花及花色易受早春低温影响，品质良，临夏、临洮传统品种。

‘金花绣球’‘Jin Hua Xiu Qiu’

‘金玉满山’‘Jin Yu Man Shan’

花红色，皇冠型。花头直立，花径中偏小。外瓣斜伸，舒展，瓣基色斑小，紫红色，笋尖形，斑缘辐射状；内瓣卷曲结绣或舒展多皱，大多数点金。正常雄蕊无或很少；雌蕊隐含，心皮正常，房衣半包，黄色，柱头黄色。

植株半开张，长势一般，嫩枝较长。小型圆叶，叶柄平伸或斜伸，叶色浅绿有褐晕；小叶平展，质地较厚。花香，花期中，结实。品质中，兰州及榆中等地栽培。

‘理想’‘Li Xiang’

花红色，皇冠型。花头直立或侧垂，花径中等。外瓣平伸，舒展，基部色斑小，紫红色，菱形；内瓣轻褶紧凑。无雄蕊，雌蕊微显，心皮正常，柱头白色，房衣残存。

植株直立，长势强。大型长叶，叶柄斜伸，叶色深绿；小叶稍卷，排列正常。花香，花期中，结实。品质良，陈德忠1993年选育并命名。

‘金玉满山’‘Jin Yu Man Shan’

‘理想’‘Li Xiang’

‘平顶魁’‘Ping Ding Kui’

花深红色，皇冠型。花头直立，花径中偏大。外瓣舒展，侧举；内瓣大小不均，色斑大或中，黑色，卵圆形，明显透背，瓣背背肋基部为紫黑色，上部白色。雄蕊较少，紫红色花丝伸长，处于瓣化中；雌蕊微显，房衣半包或浅裂，紫红色，心皮正常，柱头红色。

植株半开张，长势一般，嫩枝较长。中型圆叶偏大，叶色浅绿；小叶排列致密。花香，花期中，结实。内瓣全为有性瓣，但常常花型平展，不起楼，故名。品质良，传统品种，临夏、临洮栽培。

‘青春’‘Qing Chun’

花浅红色，皇冠型。花头直立，花径中等。外瓣斜伸；内瓣上举，轻褶，瓣基部色斑中等大小，紫红色，椭圆形，斑缘辐射状。雄蕊残存，藏金，花丝白色；雌蕊隐含，心皮败育或部分败育，房衣白色，残存，柱头白色或略瓣化。

植株直立，长势一般，嫩枝较短。大型圆叶，叶柄斜伸，叶色深绿，叶缘内卷；小叶少，排列稀疏。花淡香，花期早，不结实。品质良。陈德忠1994年选育并命名。

‘理想’‘Li Xiang’

‘平顶魁’‘Ping Ding Kui’

‘三学士’‘San Xue Shi’

花浅粉红色间粉白色细纹，皇冠型。花头直立，花径大。外瓣大而平展；内瓣轻褶紧凑，有时呈多个旋涡状着生；基部色斑中等大小，深紫红色，椭圆形，斑缘放射状，瓣背有宽阔白肋。雄蕊残存，花丝紫红色；心皮数量多，部分败育，柱头、房衣淡黄色。

植株半开张，长势强，嫩枝较长。大型长叶，叶柄斜伸；小叶少，较大。花淡香，花期中。该品种1949年前出自临夏当地绅士李德禄家，有喻其主人学问高深之意。品质良，传统品种，临夏、临洮等地栽培。

‘万金富贵’‘Wan Jin Fu Gui’

花水红色，皇冠型、托桂型或绣球型。花头侧垂，花径中等。外瓣斜伸，大展，瓣背有宽白肋，基部色斑中等大小，深紫色，近椭圆形；内瓣卷曲层叠或结绣，具中肋。雄蕊明显，藏金、腰金，花丝紫红色；雌蕊正常，柱头淡黄色，房衣残存，乳白色。

植株直立或半开张、高大（25年生株高235cm、冠幅180cm），长势强，嫩枝较长。中型圆叶，叶柄斜伸，叶面有褐晕；小叶稍卷，排列致密。花浓香，花期中，结实。该品种枝繁花茂，有时又称‘万枝富贵’。品质良，传统品种，临洮、兰州等地栽培。

‘青春’‘Qing Chun’

‘三学士’‘San Xue Shi’

‘万金富贵’‘Wan Jin Fu Gui’

‘希望红’‘Xi Wang Hong’

花深肉红色，皇冠型。花头直立，花径中等。外瓣平直舒展，整齐，瓣缘不规则，色斑中等大小，紫红色，卵圆形近三角形，离基，斑缘辐射状，背肋宽大明显；内瓣分层明显，腰瓣细窄而多，心瓣大，直而稀。雄蕊无；雌蕊隐含，房衣残存，白色，心皮常8枚，瓣化中，柱头黄色。

植株直立，长势强，嫩枝较长、粗壮并略有褐晕。大型长叶，叶柄斜伸，叶色深绿有褐晕；小叶多或特多，排列稀疏。花香，花期中，结实少。品质良，临洮曹希望选育，李嘉珏、成仿云2002年命名。

‘新妆’‘Xin Zhuang’

花红色，皇冠型。花头直立，花径中等。外瓣平伸，舒展，瓣缘齿裂；内瓣宽展，较疏松；基部色斑小，黑色，卵圆形，斑缘辐射状。花药数一般，腰金或藏金，花丝白色；心皮正常，柱头黄色，侧卷，房衣白色，半包。

植株直立，长势强，嫩枝较长。中型长叶，叶柄平伸，叶色深绿；小叶稍卷，质地较厚，排列致密。花浓香，花期晚，结实。该品种花期非常晚，露色期瓣端常呈绿色，盛开时花呈红色，之后又变粉，就像爱美的姑娘经常更换新妆，故名。品种优，陈德忠选育，李嘉珏1995年命名。

‘瑶台春艳’‘Yao Tai Chun Yan’

花浅桃红色，皇冠型。花头直立，花径中等。外瓣平展，瓣基色斑中等大小，紫黑色，近卵圆形；内瓣轻褶紧凑，瓣小，中间多有白肋。雄蕊少，藏金，花丝白，带紫晕；心皮正常，房衣近全包，深紫色，柱头紫红色。

植株开张，长势中，嫩枝短。中型长叶。花淡香，花期中偏早，品质良，兰州宁卧庄宾馆栽培。

‘腰系金’‘Yao Xi Jin’

花红色，皇冠型。花头直立，花径中等。外瓣两轮，大展，瓣缘平滑；内瓣轻褶紧凑；基部色斑大，紫黑色，明显透背，瓣背具白肋。雄蕊多，集生于腰部内外花瓣间，花丝紫红色；雌蕊正常，柱头红色，房衣半包，紫红色。

植株半开张，长势强，嫩枝较长。中型长叶，叶柄斜伸，柄凹淡红色，叶片浅绿；小叶少，排列稀疏。花香，花期中，结实。该品种因腰间环金黄色花药而得名，又称‘锦带围’。品质良，传统品种，临洮、临夏、和政、兰州等地栽培。

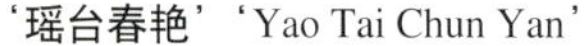
‘瑶台春艳’‘Yao Tai Chun Yan’

‘希望红’‘Xi Wang Hong’

‘新妆’‘Xin Zhuang’

‘腰系金’‘Yao Xi Jin’

‘腰系金’‘Yao Xi Jin’（示瓣间成轮花药）

‘睡芙蓉’‘Shui Fu Rong’

花桃红色，绣球型、皇冠型。花头侧垂，花径中偏大。外瓣平展，瓣基色斑大，棕红色，近菱形，瓣背中央有白色中肋；内瓣轻褶紧凑，心瓣明显较腰瓣大，有时瓣端颜色变浅。雄蕊少，花丝白色或带红晕；雌蕊正常，房衣紧包，淡紫红色，柱头肉红色。

植株开张，较低矮，长势强，嫩枝较短。中型长叶，叶柄斜伸，叶色深绿；小叶少，质地较薄。花香，花期中，结实。本品种花繁，枝叶潇洒，但花头下垂，叶里藏花，品质中，兰州宁卧庄宾馆栽培。

‘睡芙蓉’‘Shui Fu Rong’

‘桃红绣球’‘Tao Hong Xiu Qiu’

‘桃红绣球’‘Tao Hong Xiu Qiu’

花桃红色，绣球型、皇冠型。花头直立或侧垂，花径小，花蕾尖桃形。外瓣下垂，舒展整齐；内瓣宽阔整齐，轻褶紧凑，色斑中等大小，棕红色，卵圆形。雄蕊残存，藏金、点金，花丝白色；雌蕊隐含，房衣全包，浅裂，白色，心皮正常，柱头黄色。

植株半开张，长势强，嫩枝较长。大型长叶，叶柄平伸或斜伸，叶色深绿；小叶较小。花浓香，花期中，结实少。品质良，临洮传统品种。

‘绣球红’‘Xiu Qiu Hong’

花深粉红色（盛开粉红、晚期变蓝），绣球型。花头直立，花径中等。外瓣舒展整齐；内瓣皱软轻褶；瓣基部色斑中等大小，紫红色，卵圆形，斑缘不规则。雄蕊残存，发育异常；雌蕊隐含，房衣残存，心皮正常，柱头粉色。

植株直立，长势强，嫩枝长达60cm。大型圆叶，叶柄平伸，叶色浅绿；小叶平展，数量少，质地较厚，排列稀疏。花香，花期中，结实。品质良，临洮传统品种，又称‘红绣球’。

‘醉胭脂’‘Zui Yan Zhi’

‘醉胭脂’‘Zui Yan Zhi’

花胭脂红色，绣球型、皇冠型。花头直立，花径中等。外瓣舒展，瓣基色斑较大，黑色，透背；内瓣宽阔整齐，轻褶层叠，瓣基紫黑斑狭长，斑中部常有白纹。雄蕊残存，多环腰着生（腰金），花丝黑紫色；雌蕊隐含，心皮正常，房衣、柱头浅红色。

植株稍开张，长势一般，嫩枝较长。中型长叶，叶色深绿；小叶略披针状，排列致密。花淡香，花期中，结实少。品质良，临夏偶见栽培。

‘醉杨妃’‘Zui Yang Fei’

花粉红色，绣球型。花头直立，花径中偏小。外瓣平伸，大而舒展，瓣端多裂，瓣基色斑大，棕红色，卵圆，瓣背中央有白色条肋；内瓣宽阔，坚挺，层叠。雄蕊数量一般，腰金或藏金，花丝白色；雌蕊微显，房衣残存或深裂、白色，心皮5个或7~8个，有瓣化倾向，柱头白色或瓣化呈绿色。

植株半开张，长势强，嫩枝较短，分蘖能力强。大型圆叶，叶柄平伸或斜伸，叶色深绿有褐晕；小叶排列致密。花清香，花期中晚，不结实。品质良，传统品种，临洮、康乐等地栽培。

‘绣球红’‘Xiu Qiu Hong’

‘醉杨妃’‘Zui Yang Fei’

‘冰心紫’‘Bing Xin Zi’

‘紫砚’‘Zi Yan’

‘五点梅’‘Wu Dian Mei’

'冰心紫' 'Bing Xin Zi'

花蓝紫色，单瓣型。花头直立，花径中偏小。花瓣斜伸或上举，瓣基色斑黑色，中等大小，椭圆形。雌、雄蕊正常；花丝中下部淡红色，房衣、柱头均白色。

植株稍开张，长势中，嫩枝较长。中型长叶，叶柄斜伸，叶色深绿；小叶平展。花淡香，花期中，结实多。品质中，陈德忠1994年选育并命名。

'五点梅' 'Wu Dian Mei'

花浅红紫色，单瓣型。花头直立，花径小。花瓣微皱，斜伸，基部色斑中，紫黑色，圆形，呈梅花状排列。雌、雄蕊正常，花丝浅紫色，房衣、柱头粉红色。

植株半开张，矮小（40年生株高110cm，冠幅150cm），长势一般，嫩枝较短。小型长叶，叶柄斜伸；叶片较小。花浓香，花期早，结实多。品质中，传统品种，临洮等地栽培。

'紫砚' 'Zi Yan'

花深紫色，单瓣型、荷花型。花头直立，花径中偏小。花瓣斜伸，皱波状，基部色斑大，乌黑，发金属光泽。雄蕊少；雌蕊正常，房衣、柱头均紫红色。

植株半开张，长势强，嫩枝较长。小型长叶，叶柄斜伸，叶色浅绿；小叶稍卷，质地较薄，排列疏松。花香，花期中，结实多。该品种色斑乌黑发亮，酷似墨砚，故名。品质良，陈德忠1994年选育并命名。

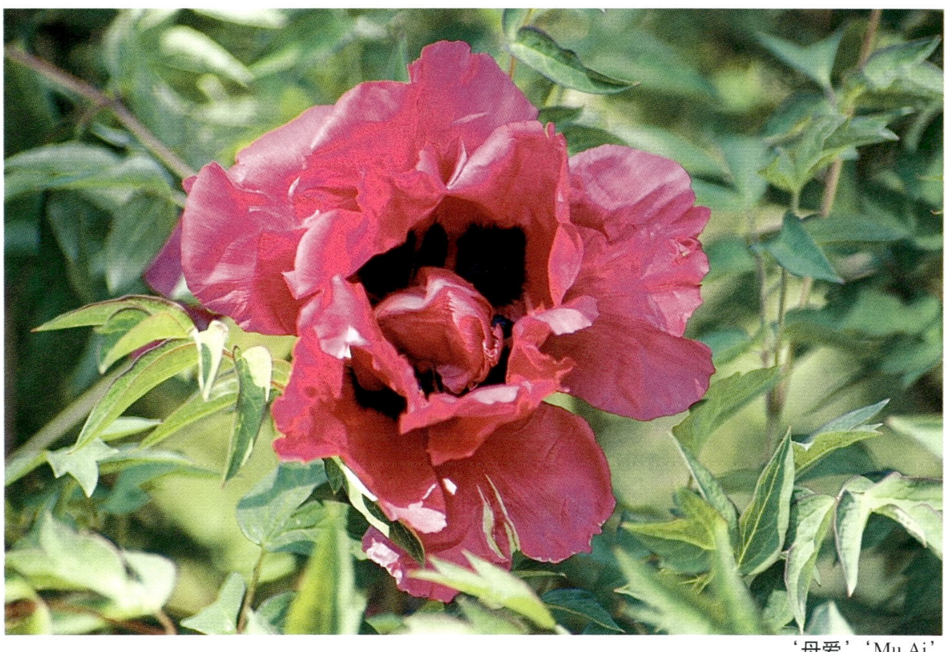

'母爱' 'Mu Ai'

'母爱' 'Mu Ai'

花浅红紫色，荷花型。花头直立，花朵小。花瓣皱软曲褶，斜伸，背面白色带状中肋显著，色斑大，黑色，椭圆形，斑缘辐射状；初花及盛花初期，内层花瓣紧抱雌蕊，逐层依次展开。雄蕊残存；心皮正常，柱头红色，房衣红色，半包。

植株半开张，长势强，嫩枝较长。中型长叶，叶柄斜伸，叶色浅绿；小叶多，内卷，质地较薄，排列致密。花香，花期早，有结实能力。该品种开花时内层花瓣紧抱中央雌蕊，就像母亲关爱怀中婴儿，故名。品质良，陈德忠1995年选育并命名。

'紫蝶迎风' 'Zi Die Ying Feng'

'紫蝶迎风' 'Zi Die Ying Feng'

花紫色，荷花型。花头直立，花径中偏大。花瓣大而舒展，基部色斑特大，紫黑色，卵圆或椭圆形，斑缘辐射状。花药多而整齐，花丝红色；心皮正常，柱头黄白色，房衣乳黄，半包，浅裂。

植株开张，长势强，嫩枝较长。大型长叶平伸，叶色浅绿有褐晕；小叶平展，质地较薄。花浓香，花期中，丰花，结实多。该品种花瓣大而舒展，微风吹来，似蝴蝶翩跹起舞。品质优，陈德忠选育，成仿云1994年国际登录。

‘大瓣焦红’‘Da Ban Jiao Hong’

花深紫色，菊花型、荷花型。花头直立，花径中等。花瓣大展，斜伸，瓣缘轻皱，外瓣较内瓣略大，基部色斑大，紫黑色，圆形，瓣背具白肋。雄蕊退化，小而少，花丝紫红色；雌蕊正常，柱头红色，房衣紧包，红色。

植株半开张（20年生株高180cm，冠幅230cm），长势强，嫩枝较短。小型长叶，叶柄斜伸；小叶内卷，质地较厚。花浓香，花期早，结实多。品质中，因花瓣不耐日晒、易焦而得名，临洮等地栽培较多。

‘凤项’‘Feng Xiang’

花红紫色，菊花型。花头直立，花径中等。外瓣大展斜伸；内瓣轻皱，基部色斑小，紫黑色；椭圆形。雄蕊退化消失；雌蕊正常，房衣、柱头紫红色。

植株直立，长势中，嫩枝较长。中型长叶，叶柄斜伸，叶色浅绿；小叶平展，排列正常。花淡香，花期中，结实多。品质中，临洮等地多见。

‘凤项’‘Feng Xiang’

‘大瓣焦红’‘Da Ban Jiao Hong’

‘西瓜瓤’‘Xi Gua Rang’

花红紫色，菊花型、荷花型。直立，花径中等。花瓣宽展，整齐，皱软，色斑中等大小，深紫红色，近椭圆形，斑缘辐射状，瓣背背肋明显。雄蕊部分正常，部分不规则向心瓣化，粉红色花丝伸长，有瓣化趋势；雌蕊袒露，心皮正常，房衣全包或半包，粉红色，柱头肉红色。

植株半开张，长势强，嫩枝常较短。中型长叶偏小，叶柄斜伸，叶色深绿。花香，花期中，结实。品质良，传统品种，临夏黄泥湾乡振华村栽培。

‘油朱砂’‘You Zhu Sha’

花紫色具光泽，菊花型、托桂型。花头直立或侧垂，花径中等。外瓣平伸舒展，瓣基色斑大，黑色，卵圆形，斑缘整齐，瓣背白肋条状；内瓣常细窄疏软。雄蕊多，花丝紫红色；雌蕊微显或袒露，心皮正常，房衣全包，红紫色，柱头红色。

植株半开张，长势强，嫩枝较短。中型

‘西瓜瓤’‘Xi Gua Rang’（菊花型）

‘西瓜瓤’‘Xi Gua Rang’（荷花型）

长叶，叶柄斜伸，叶色深绿；小叶稍卷，质地较厚。花香，花期中，结实多。该品种花瓣色深而油光发亮，以此与‘紫朱砂’区别并得名。品质中，临夏传统品种。

‘紫袍晨霜’‘Zi Pao Chen Shuang’

花蓝紫色，菊花型，少荷花型。花头直立，花径中等。外瓣斜伸，舒展，色斑小，紫红色，卵圆形或不规则；内瓣顶端颜色变杂变白，似晨霜落于花端。雄蕊残存，花丝黄白；雌蕊微显，心皮正常，柱头红色，房衣半包或残存，红色。

植株半开张，长势一般，嫩枝较长。中型长叶，叶柄斜伸，叶浅绿色；小叶稍卷。花清香，花期中，结实。品质良，陈德忠命名，兰州、临洮等地栽培。

‘紫云仙’‘Zi Yun Xian’

又名‘紫容鲜’。花深红紫色，菊花型。花头直立，花径中等。外瓣大展，瓣缘轻皱，基部色斑大，紫黑色，瓣背具白肋；内瓣较小，扭曲，皱褶，色斑透背，具白色背肋。雄蕊少，多夹杂于内外瓣间，花丝紫红色；雌蕊正常，柱头红色，房衣紧包，红色。

植株直立（60年生株高200cm，冠幅180cm），长势强，分枝能力弱，嫩枝较长。大型圆叶，叶柄斜伸，叶片绿色；小叶少而平展，排列正常。花浓香，花期中，结实多。该品种在临夏称‘紫云仙’，在临洮称为‘紫容鲜’，二者在两地方言中发音相同，推测是在交流过程中造成的差异。品质中，传统品种，临夏、临洮等地栽培。

‘玫瑰洒金’‘Mei Gui Sa Jin’

花深红紫色，蔷薇型、菊花型、托桂型或皇冠型。花头直立，花径中等。外瓣两轮明显，基部色斑中等大小，黑色，椭圆形，斑缘辐射状；内瓣较小，轻褶多变或紧凑，有时卷曲结绣，平头或起楼。雄蕊大多数不完全瓣化或残存，点金、腰金或藏金，花丝紫红色；雌蕊隐含或微显，心皮正常，房衣紧包，紫红色，柱头紫红色。

植株半开张或直立，长势一般，嫩枝较长。中型圆叶，叶柄斜伸，叶色绿；小叶平展，排列正常。花香，花期中，结实。该品种因花似玫瑰、瓣端多黄点而得名。品质中，传统品种，临洮、兰州等地常见。

‘油朱砂’‘You Zhu Sha’

‘紫袍晨霜’‘Zi Pao Chen Shuang’

‘紫海银波’‘Zi Hai Yin Bo’

花黑红紫色，托桂型。花头直立，花径中等。外瓣平展，瓣缘平滑，瓣基色斑大，黑色，卵圆形，微透背，斑缘不规则；内瓣皱软纷呈，由花丝瓣化部分形成白色条纹，甚显。雄蕊残存，部分正常，着生不整齐，花丝白色；雌蕊微显，心皮正常，房衣红色，半包，柱头红色。

植株半开张，长势强，嫩枝较长。小型长叶，叶柄斜伸，叶色浅绿；小叶数量较少，稍卷，排列正常。花淡香，花期中，结实多。该品种内瓣上白色条纹如海面泛起的缕缕银波，故名。品质优，陈德忠选育，陈德忠、成仿云1996年命名。

‘紫云仙’‘Zi Yun Xian’

‘玫瑰洒金’‘Mei Gui Sa Jin’

‘紫海银波’‘Zi Hai Yin Bo’

'安宁紫' 'An Ning Zi'

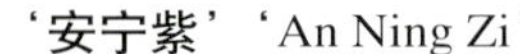

'安宁紫' 'An Ning Zi'

花蓝紫色，皇冠型。花头侧垂，花径中等。外瓣大展，基部色斑大，紫红色，椭圆形，斑缘辐射状；内瓣轻褶紧凑，心瓣高耸大展，瓣中央多有白肋。雄蕊残存，花丝中下部淡紫色；雌蕊隐含，心皮正常，房衣、柱头紫红色。

植株半开张，长势中，嫩枝较短。大型圆叶，叶柄斜伸，柄凹土黄，叶色绿；小叶数量少，排列稀疏。花淡香，花期中，结实。品质良，兰州宁卧庄栽培。

'插花状元' 'Cha Hua Zhuang Yuan'

'红宝石' 'Hong Bao Shi'

'葛巾' 'Ge Jin'

'插花状元' 'Cha Hua Zhuang Yuan'

花红紫色，皇冠型，或台阁皇冠型。花头侧垂，花径小。外瓣平直舒展；内瓣宽阔，轻褶紧凑，色斑小，棕红色，菱形，斑缘辐射状。雄蕊残存，花丝粉色；雌蕊隐含，心皮瓣化，或上位花心皮正常，下位花心皮完全瓣化成彩瓣。

植株半开张，长势强，嫩枝较短。大型圆叶，叶柄斜伸，柄凹土黄，叶色浅绿；小叶稍卷，排列致密。花浓香，花期中，不结实。该品种花似'状元红'，因雌蕊常瓣化位于花心或形成彩瓣十分明显，故名。有时又称'茶花状元'或'十字插花'。品质良，传统品种，临洮李积根栽培。

'葛巾' 'Ge Jin'

花红紫色，皇冠型。花头直立或略侧垂，花径中等。外瓣大而舒展，瓣基色斑大，黑紫色，近椭圆形；内瓣层叠整齐。雄蕊无，心皮略瓣化。

植株半开张，长势较强，嫩枝较长，具紫红晕。中型长叶，叶柄斜伸，叶黄绿色；小叶略内卷。花淡香，花期中，不结实。品质良，传统品种，临洮等地栽培。

'红宝石' 'Hong Bao Shi'

花红紫色，皇冠型。花头直立，花径中等。外瓣平直舒展，瓣基色斑特大，紫红色，卵圆形，斑缘辐射状，背斑白色，长椭圆形，大而显著；内瓣卷曲结绣，皱软，腰瓣细直，心瓣较宽。花药残存，点金，花丝白色；雌蕊隐含，心皮正常，柱头粉色，房衣粉色，半包。

植株直立，长势强，嫩枝长。大型圆叶，叶柄斜伸，叶色浅绿有褐晕；小叶稍卷，数量特多，质地较厚，排列稀疏。花香，花期中，结实。品质良，临洮传统品种。

‘玫瑰红’‘Mei Gui Hong’

花深红紫色，皇冠型。花头直立或侧垂，花径中偏小。外瓣平直，舒展，色斑小，黑色，卵圆形或椭圆形，斑缘辐射状，瓣背具大型长椭圆形白色中肋；内瓣宽阔，轻褶紧凑。雄蕊残存，藏金，花丝中下部紫色；雌蕊微显，房衣半包，具红紫色晕，心皮正常，柱头浅粉色。

植株半开张，长势一般，嫩枝较短，具褐红晕。中型长叶，叶柄斜伸，叶色深绿；小叶多，平展，质地薄，排列稀疏。花浓香，花期中，结实多。品质中，传统品种，临洮、临夏栽培。

‘玫瑰红’‘Mei Gui Hong’

‘玫瑰千叶红’‘Mei Gui Qian Ye Hong’

花红紫色，皇冠型。花头直立，花径小。外瓣舒展整齐，瓣基色斑小，黑色，椭圆形或近三角形，斑缘不规则，有时稍透背；内瓣宽阔，轻褶紧凑。雄蕊残存，藏金；雌蕊隐含，房衣半包，黄色，端部有紫红色晕，心皮正常，柱头黄色。

植株开张，长势一般，嫩枝较短，枝条有紫红色晕。中型长叶，叶柄斜伸，叶色深绿；小叶窄小，数量特多。花香，花期中，结实。品质中，传统品种，临夏聂家庄李永虎栽培。

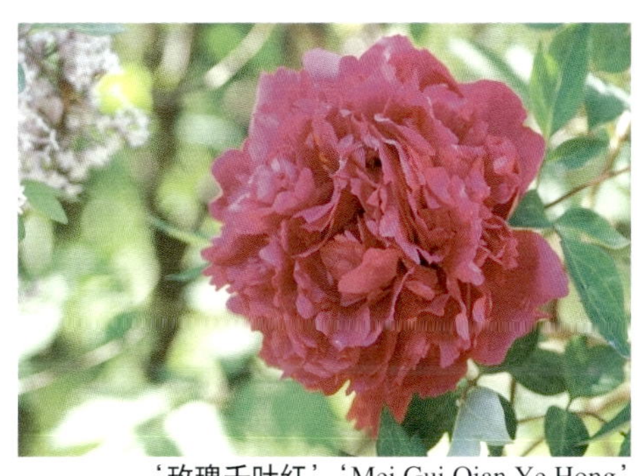

‘玫瑰千叶红’‘Mei Gui Qian Ye Hong’

‘宁园红’‘Ning Yuan Hong’

花红紫色，皇冠型。花头侧垂，花径中偏小。外瓣平伸，平直舒展，瓣缘不规则，瓣基色斑中等大小，棕红色，椭圆形，斑缘辐射状，背斑不明显；内瓣轻褶紧凑，分层明显，腰瓣较大，心瓣大而直立。雄蕊较少，腰金或藏金，花丝白至粉色；雌蕊隐含，房衣全包至半包，红色，心皮正常，柱头红色。

植株半开张，长势强，嫩枝较长。中型长叶，叶柄斜伸，叶色浅绿；小叶数量少。花香，花期晚，结实。品质中，李嘉珏命名，兰州宁卧庄宾馆栽培。

‘宁园红’‘Ning Yuan Hong’

‘宁园红’‘Ning Yuan Hong’

‘艳春’‘Yan Chun’

‘紫冠玉珠’‘Zi Guan Yu Zhu’

‘紫金冠’‘Zi Jin Guan’

‘紫楼闪金’‘Zi Lou Shan Jin’

‘艳春’‘Yan Chun’

花红紫色，皇冠型。花头直立，花径中等。外瓣平伸，舒展，瓣基色斑大，黑色，椭圆形，斑缘辐射状，瓣背有显著白色条斑；内瓣轻褶紧凑，腰瓣细窄，多点金，心瓣宽且直立。雄蕊残存，藏金或点金，花丝粉红色；雌蕊隐含，心皮正常，房衣紫红，全包，柱头黄色。

植株半开张，长势强，嫩枝较长。中型圆叶，叶柄平伸或斜伸，叶色深绿；小叶少，平展，质地较薄，排列稀疏。花浓香，花期中晚，结实。品质良，陈德忠选育，陈德忠、成仿云1996年命名。

‘紫冠玉珠’‘Zi Guan Yu Zhu’

花浅紫色，皇冠型。花头直立，花径中偏小。外瓣斜伸，平直舒展，色斑中等大小，黑色，椭圆形，斑缘辐射状；内瓣分层明显，轻褶紧凑，心瓣大而展，腰瓣较细小，多点金。花药残存；雌蕊微显，心皮正常，房衣、柱头乳白色。

植株直立，长势一般。大型圆叶，叶柄斜伸，叶色浅绿有褐晕；小叶平展。花香，花期中，结实。品质中，陈德忠选育，陈德忠、成仿云1996年命名。

‘紫金冠’‘Zi Jin Guan’

花红紫色，皇冠型。花头直立，花径中等。外瓣下垂或斜伸，舒展，色斑大，黑色，不规则，斑缘辐射状；内瓣轻褶紧凑。雄蕊残存，腰金、藏金或点金，花丝粉色或红色；雌蕊隐含，心皮正常，房衣半包，乳黄色，柱头乳黄色。

植株直立，长势强，嫩枝长可达80cm。中型圆叶，叶柄斜伸，叶色浅绿，柄凹红色；小叶少，质地较厚，排列稀疏。花浓香，花期中，结实。品质良，陈德忠选育，陈德忠、成仿云1996年命名。

‘紫楼闪金’‘Zi Lou Shan Jin’

花深红紫色，皇冠型。花头直立，花径中偏大。外瓣下垂，平直舒展，瓣缘平滑或齿裂，色斑中等大小，紫红色，菱形，斑缘辐射状；内瓣皱软，分层明显，其中腰瓣细窄，绝大多数有点金，心瓣宽阔直立。雄蕊多残存，部分发育正常，以点金、腰金和藏金等多种形式着生，花丝白色；雌蕊微显，心皮正常，房衣半包，白色，柱头白色。

植株半开张，长势强。中型长叶，叶柄斜伸，叶色深绿；小叶稍卷。花浓香，花期中，结实。该品种花型高耸，内瓣点金在阳光照射下金光闪闪，故名。不耐日晒，品质中，陈德忠选育，陈德忠、成仿云1996年命名。

‘紫楼镶翠’‘Zi Lou Xiang Cui’

花蓝紫色，皇冠型。花头直立，花径中偏小。外瓣下垂，舒展，瓣基色斑特大，紫红色，卵圆形，斑缘辐射状；内瓣轻褶，大展，分层明显，其腰瓣有白色条纹，心瓣大且直立。雄蕊较少，藏金或点金，花丝红色；雌蕊微显，心皮瓣化，柱头绿色，明显。

植株半开张，长势一般，嫩枝较短。中型圆叶，叶柄平伸，叶色浅绿；小叶稍卷。花浓香，花期中，不结实。品质良，陈德忠1994年选育并命名。

‘紫楼镶翠’‘Zi Lou Xiang Cui’

‘紫气东升’‘Zi Qi Dong Sheng’

花紫色，皇冠型。花头侧垂，花径中，花高大于花径。外瓣下垂，瓣基色斑中等大小，棕红色，卵圆形，斑缘辐射状；内瓣紧凑整齐，分层明显，腰瓣细窄，心瓣宽大，中央具白色条肋。雄蕊残存，腰金、藏金或点金，花丝白色；雌蕊隐含，心皮正常或败育，房衣半包，黄色，柱头白色或黄色。

植株开张，长势强，嫩枝长。中型长叶，叶柄平伸，叶色深绿；小叶稍卷，质地较厚，

‘紫气东升’‘Zi Qi Dong Sheng’

‘紫朱砂’‘Zi Zhu Sha’

排列致密。花香，花期晚，结实或不结实。该品种花朵高耸如塔，花瓣上白色中肋从基部向上逐渐变窄变细，似缕缕青烟升起，故名。品质良，陈德忠选育，成仿云、陈德忠 1996 年命名。

‘紫朱砂’‘Zi Zhu Sha’

花浅紫色或深紫色，皇冠型、菊花型或荷花型。花头直立或侧垂，花径中偏大。外瓣平直，舒展，瓣缘平滑；内瓣舒展疏松；色斑特大，黑色，卵圆形，斑缘辐射状，瓣背中央有白色条肋。雄蕊部分正常，腰金或藏金，花丝中下部淡紫色，端部白色；雌蕊微显，心皮正常，房衣半包或全包，红紫色，柱头红色。

植株直立，长势强，嫩枝较长。大型圆叶，叶柄斜伸，叶色深绿有褐色晕；小叶稍卷，质地较厚。花清香，花期早，结实。品质中，传统品种，甘肃各地常见，其中把花色较浅者常称‘朱砂红’，内瓣日晒易焦者称‘焦头朱砂’。

‘紫绣球’‘Zi Xiu Qiu’

花紫色，皇冠型。花头直立，花径大。外瓣舒展，侧垂，瓣基部色斑中，紫红色，椭圆形，斑缘辐射状；内瓣宽阔层叠，腰瓣较细窄，有点金。雄蕊残存，藏金或点金；心皮正常，房衣、柱头黄色。

植株半开张，长势强，嫩枝较长。中型圆叶，叶柄斜伸，叶色深绿；小叶稍卷，质地较厚。花浓香，花期中，结实。品质良，传统品种，临洮、陇西等地栽培。

‘紫绣球’‘Zi Xiu Qiu’

‘黑旋风’‘Hei Xuan Feng’

花紫黑色，单瓣型。花头直立，花径小。花瓣大展平伸，基部色斑中，紫黑色，卵圆形。雌、雄蕊正常，花丝红色；房衣全包，紫红色，柱头紫红色。

植株直立，长势强，分枝多，嫩枝较长。中型圆叶，叶柄斜伸，叶片浅绿色有褐晕；小叶稍卷，排列稀疏。花淡香，花期中，花繁，结实多。品质良，陈德忠选育，成仿云1994年国际登录。

‘黑元帅’‘Hei Yuan Shuai’

花紫黑色，单瓣型、荷花型。花头直立，花径中等。花瓣舒展，上举或斜伸，质地细腻，瓣基部色斑大，黑色，卵圆形，边缘整齐。雌、雄蕊袒露，花药少，花丝紫红色，伸长；心皮正常，房衣半包，红色，柱头红色。

植株近直立，长势一般，嫩枝短。小型圆叶，叶色深绿有褐晕。花淡香，花期早，结实。品质优，陈德忠选育，成仿云、陈德忠1996年命名。

‘龙首黑’‘Long Shou Hei’

花紫黑色，单瓣型。花头直立，花径中等。花瓣大而舒展，瓣基色斑大，黑色，卵圆形。雌、雄蕊显露，花药多，整齐，花丝中下部紫红色；心皮正常，房衣全包，深红色，柱头肉红色。

‘黑旋风’‘Hei Xuan Feng’

‘龙首黑’‘Long Shou Hei’

植株直立、高大，长势一般，嫩枝较短。中型圆叶，叶色深绿有褐晕；小叶小，数量特多或多。花淡香，花期中偏早，花繁，结实多。品质良，成仿云、李嘉珏2002年命名，兰州龙首山庄栽培。

‘黑元帅’‘Hei Yuan Shuai’

‘夜光杯’‘Ye Guang Bei’

‘夜光杯’‘Ye Guang Bei’

花紫黑色，单瓣型。花头直立，花径小。花瓣舒展，斜伸，瓣基色斑中，黑色，椭圆形，斑缘辐射状。花药多，花丝红色；雌蕊袒露，心皮正常，房衣全包，红色，柱头红色。

植株直立，长势强，嫩枝较长。小型圆叶，叶柄斜伸，叶色浅绿有褐晕；小叶稍卷，质地较薄，排列致密。花香，花期早，结实多。该品种花瓣颜色因气候或栽培环境不

‘夜光杯’‘Ye Guang Bei’

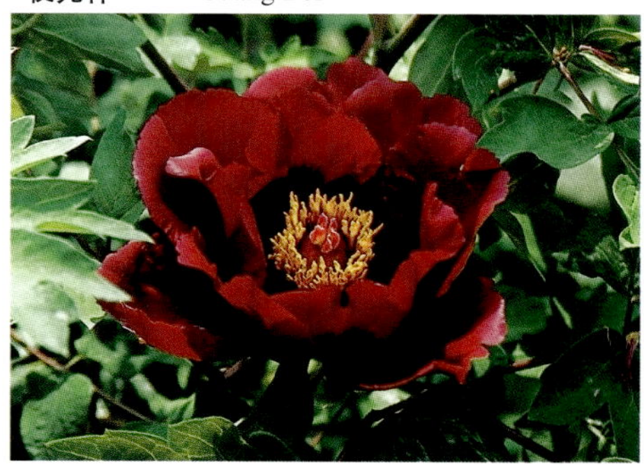

同而深浅不一，强光下花瓣易焦。品质良，陈德忠1994年选育并命名。

‘古城相会’‘Gu Cheng Xiang Hui’

花深紫红色，荷花型。花头直立，花径小。花瓣上举，大而微皱，瓣基部色斑大，紫黑色，椭圆或卵圆形，斑缘整齐。雌、雄蕊正常，花丝、房衣、柱头均为紫红色。

植株直立，长势一般，嫩枝较长。中型圆叶，叶柄斜伸，叶色浅绿；小叶稍卷，排列稀疏。花淡香，花期中，结实多。品质良，陈德忠1994年选育并命名。

‘黑凤蝶’‘Hei Feng Die’

花紫黑色，荷花型。花头直立，花径中等。花瓣上举，大而微皱，斑缘不规则深裂，瓣基色斑大，紫黑色，椭圆或卵圆形，斑缘整齐。雌、雄蕊正常，花丝、房衣、柱头均为紫红色。

植株直立，长势一般，嫩枝较长。中型圆叶，叶柄斜伸，叶色浅绿；小叶稍卷，排列稀疏。花淡香，花期早，有时叶里藏花，结实多。品质良，陈德忠选育，成仿云、陈德忠1996年命名。

‘古城相会’‘Gu Cheng Xiang Hui’

‘黑凤蝶’‘Hei Feng Die’

'黑天鹅''Hei Tian E'

花紫黑色，菊花型、荷花型。花头直立，花径中等。花瓣侧举，向内渐细碎，偶见雄蕊瓣化，瓣基色斑大，黑色，卵圆形，斑缘辐射状。雄蕊正常，花丝红色；雌蕊微显，心皮正常，房衣红色、半包，柱头红色。

植株直立，长势一般，嫩枝较短。中型圆叶，叶柄平伸，叶色浅绿；小叶稍卷，质地较厚，排列致密。花繁，有时叶里藏花，花浓香，花期中，结实多。品质优，陈德忠选育，洪涛1993年命名。

'黑天鹅''Hei Tian E'

'黑天鹅''Hei Tian E'

‘墨海银波’‘Mo Hai Yin Bo’

‘墨海银波’‘Mo Hai Yin Bo’

‘夜皇后’‘Ye Huang Hou’

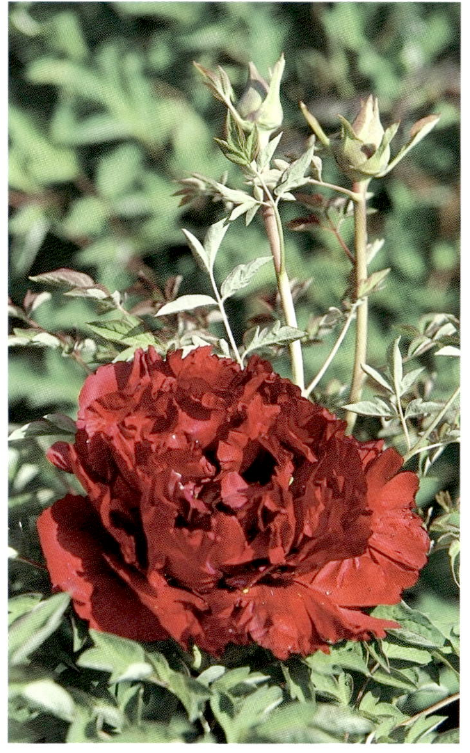

‘墨海银波’‘Mo Hai Yin Bo’

花紫黑色，托桂型。花头直立，花径中等。外瓣平伸舒展，瓣缘平滑；内瓣皱软纷呈，从基部向上有花丝瓣化时形成的白色条纹；瓣基色斑大，黑色，圆形，斑缘辐射状。雄蕊较少，花丝红色；雌蕊微显，心皮正常，房衣红色，全包或半包，柱头红色。

植株直立，长势一般，嫩枝较长。中型圆叶，叶柄斜伸，叶色深绿有褐晕；小叶数量少，叶缘稍卷，质地较厚，排列致密。花淡香，花期中晚，结实。品质良，陈德忠选育，陈德忠、成仿云1996年命名。

‘夜皇后’‘Ye Huang Hou’

花紫黑色，皇冠型。花头直立，花径小。外瓣平伸舒展，瓣基部色斑中等大小，黑色，圆形；内瓣轻褶紧凑，瓣端多点金。雄蕊残存，点金、藏金，花丝红色；雌蕊隐含，心皮正常，房衣、柱头红色。

植株直立，长势弱，嫩枝较长。小型圆叶，叶柄斜伸，叶色深绿有褐晕；小叶数量少，叶缘稍卷，棕褐色。花香，花期中，结实。品质优，成仿云2001年命名，临洮、兰州等地栽培。

‘蓝凤展翅’‘Lan Feng Zhan Chi’

花粉蓝色，单瓣型。花头直立，花径中偏大。花瓣宽大舒展，瓣基色斑小，紫红色，椭圆至卵圆形，斑缘辐射状。雌、雄蕊正常、袒露，花丝粉红色；房衣红色，全包，柱头红色。

植株半开张，长势强，嫩枝长。中型长叶偏大，叶柄平伸；小叶具褐晕及褐缘，排列稀疏。花香，花期中，结实多。品质良，陈德忠选育，陈德忠、成仿云1996年命名。

‘蓝海旭日’‘Lan Hai Xu Ri’

花粉蓝色，单瓣型。花头直立，花径中偏大。花瓣宽大，舒展，瓣基色斑大，紫红色，卵圆形，斑缘不规则。雄蕊正常，排列整齐，花丝紫色；雌蕊袒露，房衣红色，全包，心皮正常，柱头红色。

植株直立，长势强，嫩枝较长。小型长叶，叶柄斜伸，叶色浅绿有褐晕；小叶少。花香，花期中，结实多。品质良，陈德忠选育，陈德忠、成仿云1996年命名。

‘蓝荷’‘Lan He’

花粉蓝色，单瓣型。花头直立，花径中等。花瓣侧举，瓣基色斑大，紫红色，卵圆形，微透背，斑缘辐射状。雄蕊多，排列整齐，花丝基部紫红色，顶部白色；雌蕊袒露，心皮正常，房衣、柱头白色。

植株开张，长势一般，分蘖多，嫩枝较短。中型圆叶偏大，叶柄斜伸，叶色深绿；小叶特多，排列致密。品质良，陈德忠选育，成仿云1994年国际登录。

‘蓝凤展翅’‘Lan Feng Zhan Chi’

‘蓝海旭日’‘Lan Hai Xu Ri’

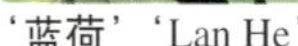

‘蓝荷’‘Lan He’

‘蓝墨双辉’‘Lan Mo Shuang Hui’

花粉蓝色，单瓣型。花头直立，花径中等。花瓣平直舒展，瓣缘平滑，瓣基色斑中等大小，紫黑色，卵圆形，斑缘辐射状。花药多，排列整齐，花丝紫色；心皮正常，房衣黄色，半包，柱头白色。

植株开张，长势一般，分枝多。中型长叶，叶柄斜伸，叶色浅绿，叶缘褐色；小叶数量少，质地较厚。花浓香，花期中，结实多。该品种花瓣上粉蓝色晕与基部黑色色斑相互辉映，十分美观，故名。品质良，陈德忠选育，成仿云1994年国际登录。

‘蓝墨双辉’‘Lan Mo Shuang Hui’

‘宝石蓝’‘Bao Shi Lan’

花粉蓝色，蔷薇型。花头直立，花径中等偏小。外瓣平伸，舒展整齐，瓣缘不规则，色斑中等偏小，黑色，卵圆形，斑缘不规则；内瓣轻褶，紧凑，整齐。雄蕊少或无，有腰金或藏金，花丝粉色；雌蕊微显，心皮正常，房衣粉色，半包，柱头红色。

植株直立，长势弱，嫩枝较短。中型长叶偏小，叶柄平伸，叶色浅绿；小叶少，叶缘内卷，质地较厚。花香，花期早，结实。品质良，陈德忠1994年选育并命名。

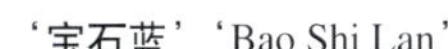

‘宝石蓝’‘Bao Shi Lan’

‘小藕’‘Xiao Ou’

花粉蓝色，蔷薇型、皇冠型。花头直立，花径中等。外瓣平直舒展；内瓣坚挺层叠；色斑大，紫红色，卵圆形，斑缘辐射状。花药残存，花丝白色；雌蕊微显，心皮正常，柱头黄色，房衣黄色，残存。

植株半开张，长势一般，嫩枝较长。中型圆叶，叶柄上举，叶绿色有褐晕；小叶少，叶缘稍卷，排列致密。花香，花期中，结实。品质良，传统品种，临夏习见。

‘小藕’‘Xiao Ou’

‘蓝海浪’‘Lan Hai Lang’

‘大青粉’‘Da Qing Fen’

‘蓝海浪’‘Lan Hai Lang’

花粉蓝色，托桂型。花头直立，花径中等。外瓣平直舒展，瓣基色斑大，棕红色，圆形，斑缘辐射状；内瓣皱软，瓣中央具白色中肋，瓣端具清晰白色条纹。雄蕊残存，花丝红色；雌蕊袒露，心皮正常，房衣残存，柱头粉色。

植株直立，长势一般，嫩枝较长。中型圆叶，叶柄斜伸，叶色浅绿有褐缘；小叶内卷，数量少。花淡香，花期中晚，结实多。品质良，陈德忠选育，陈德忠、成仿云1996年命名。

‘大藕’‘Da Ou’

花粉蓝色（瓣缘色变浅、泛白色），皇冠型。花头直立或侧垂，花径中偏大。外瓣下垂，瓣缘齿裂、深裂，瓣基色斑大，紫红色，卵圆形，透背，斑缘辐射状，瓣背白色中肋显著；内瓣轻褶紧凑，分层明显（腰瓣细窄、色浅，心瓣宽阔、色深）。雄蕊残存，藏金、点金，花丝紫红色、伸长，有瓣化倾向；雌蕊隐含，心皮5枚或较多，发育正常，房衣残存，白色，柱头黄色。

植株直立，长势强，土芽多，嫩枝较长。大型圆叶，叶柄平伸，叶色浅绿具褐缘；小叶少。花香，花期中早，结实。品质良，传统品种，临夏、临洮等地栽培，临夏习见。

‘大青粉’‘Da Qing Fen’

花青粉色或雪青色，皇冠型。花头直立，花径中等。外瓣平直舒展，瓣缘平滑，瓣背具白色中肋，瓣基色斑中等大小，紫红色，卵圆形，斑缘整齐；内瓣轻褶，层叠紧凑。雄蕊残存，花丝白色；雌蕊隐含，房衣残存或半包，白色，心皮正常或略瓣化，柱头黄色或淡绿色。

植株半开张，长势强，嫩枝长。中型长叶偏大，叶柄平伸，叶片深绿色；小叶少，质地较厚，排列稀疏。花香，花期中，结实或不结实。品质良，传统品种，临洮等地栽培。

‘九子珍珠红’‘Jiu Zi Zhen Zhu Hong’

‘大藕’‘Da Ou’

'蓝冠玉带' 'Lan Guan Yu Dai'

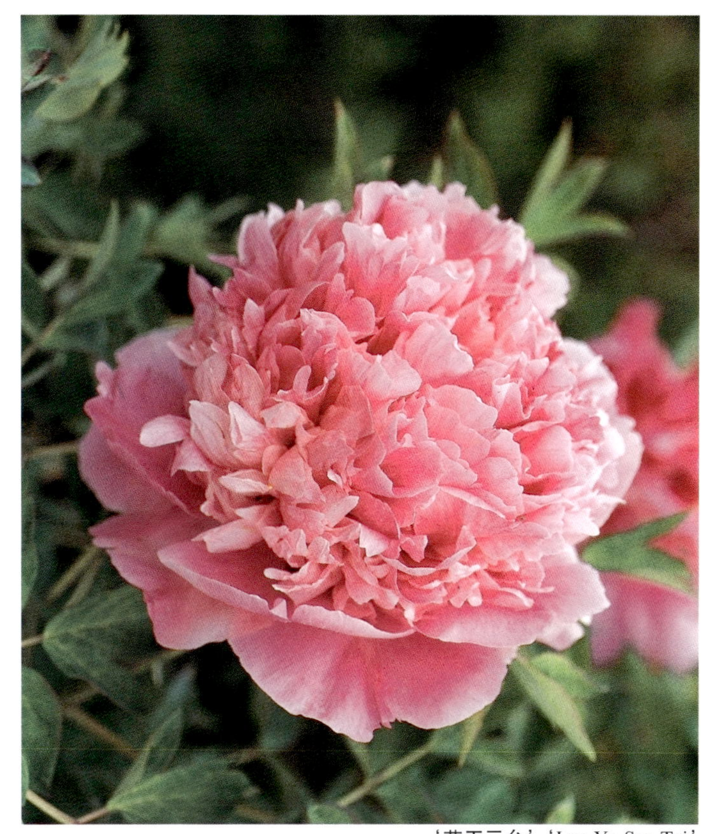
'蓝玉三台' 'Lan Yu San Tai'

'蓝冠玉珠' 'Lan Guan Yu Zhu'

'九子珍珠红' 'Jiu Zi Zhen Zhu Hong'

花粉蓝色，皇冠型。花头直立或侧垂，花径中偏大。外瓣大而平展，基部色斑大，深紫红色，椭圆形，透背，斑缘辐射状，瓣背白色中肋显著；内瓣分层明显，腰瓣细窄，多为条形瓣或针状瓣，心瓣较宽阔。雄蕊残存，藏金，花丝紫红色；雌蕊隐含，心皮常两轮，外轮5枚发育正常，内轮4～5枚常较小、败育，房衣半包，齿裂，黄白色，柱头黄色。

植株半开张，长势强，嫩枝较短。中型长叶，叶柄斜伸，叶片浅绿色，较小。花香，花期中，结实少。品质良，传统品种，因常具9枚心皮而得名，临夏、临洮等地习见。

'蓝冠玉带' 'Lan Guan Yu Dai'

花蓝色，皇冠型。花头直立或侧垂，花径中等。外瓣侧垂，舒展，色斑中等大小，黑色，长卵圆形，微透背，斑缘辐射状；内瓣轻褶，心瓣宽阔，常有白色中肋，腰瓣细窄，常具白色条纹或成为白色条瓣。雄蕊无；雌蕊隐含，心皮正常，房衣黄色，半包，柱头黄色。

植株半开张，长势一般，嫩枝较短。中型圆叶，叶柄平伸，叶色浅绿有褐晕；小叶数少，叶缘稍卷。花淡香，花期中，结实多。品质良，陈德忠1994年选育并命名。

'蓝冠玉珠' 'Lan Guan Yu Zhu'

花淡蓝色，皇冠型。花头直立，花径中等。外瓣平伸舒展，瓣缘不规则；内瓣宽阔整齐；瓣基色斑大，紫红色，卵圆形，斑缘辐射状。雄蕊残存，点金或藏金，花丝白色；雌蕊隐含，心皮正常，房衣白色，半包，柱头白色。

植株直立、紧凑，长势强，嫩枝较长，分蘖性弱。小型圆叶，叶柄斜伸，叶色深绿有褐晕；小叶稍卷，排列稀疏。花淡香，花期早，结实。品质良，陈德忠选育，陈德忠、成仿云1996年命名。

'蓝玉三台' 'Lan Yu San Tai'

花粉蓝色，皇冠型。花头直立，花径中偏大。外瓣平直舒展，稍下垂，瓣基色斑大，紫黑色，斑缘辐射状；内瓣分层明显，腰瓣细小，狭窄，多点金及藏金，心瓣宽大直立，排列紧凑。雄蕊少，花丝白色；雌蕊隐含，房衣半包，白色，心皮正常或败育，柱头乳黄色。

植株半开张，长势一般，嫩枝较短。中型圆叶，叶柄平伸，叶色深绿；小叶少，质地较厚，排列正常。花香，花期中，结实或不结实。品质良，陈德忠选育，陈德忠、成仿云1996年命名。

‘临洮玛瑙盘’‘Lin Tao Ma Nao Pan’

花深粉蓝色偏红，皇冠型。花头直立或侧垂，花径中等。外瓣平伸，瓣缘平滑，瓣基色斑中等大小，紫红色，椭圆形，斑缘辐射状；内瓣细窄直立，分层明显，腰瓣小而泛白。雄蕊残存，腰金或点金，花丝两端白色，中部淡紫色；雌蕊隐含，心皮正常，房衣残存，乳白色，柱头黄色。

植株直立，长势强，嫩枝较短。中型长叶偏小，叶柄斜伸，叶色深绿。花淡香，花期中，结实。品质良，临洮传统品种。

‘临洮玛瑙盘’‘Lin Tao Ma Nao Pan’

‘银灰缇’‘Yin Hui Ti’

‘临夏玛瑙盘’‘Lin Xia Ma Nao Pan’

‘临夏玛瑙盘’‘Lin Xia Ma Nao Pan’

花雪青色，皇冠型。花头直立，花径中等。花瓣宽展，瓣基色斑大，紫黑色，近三角形，斑缘辐射状，瓣端波状，有深雪青色条纹。雄蕊残存，藏金，花药大，花丝深紫红色；心皮正常，房衣、柱头乳黄色。

植株半开张、较矮，长势中，嫩枝较短。中型圆叶，叶柄平伸；小叶宽圆，叶缘褐色。花香，花期偏早，结实少。品质良，临夏、和政习见传统品种。

‘银灰缇’‘Yin Hui Ti’

花雪青色，皇冠型。花头直立或侧垂，花径中等。外瓣平伸舒展，瓣缘多裂，瓣基色斑大，棕红色，椭圆形，斑缘辐射状，背斑明显，有宽白中肋；内瓣轻褶，瓣端泛白（银灰色），多点金。雄蕊残存，藏金或点金，

‘紫燕飞霜’‘Zi Yan Fei Shuang’

'和平蓝' 'He Ping Lan'

'蓝绣球' 'Lan Xiu Qiu'

'雪青绣球' 'Xue Qing Xiu Qiu'

花丝深紫红色；雌蕊隐含，心皮数量多（9～10枚），房衣半包，黄白色，柱头乳黄色。

植株半开张，长势强，嫩枝较长。大型长叶，叶柄斜伸，叶色深绿；小叶较大，数量多，质地厚。花香，花期中，结实。品质中，传统品种，临洮常见栽培。

'紫燕飞霜' 'Zi Yan Fei Shuang'

花蓝色偏紫，皇冠型。花头直立，花径较小。外瓣舒展，平伸；内瓣宽阔，轻褶紧凑，腰部稍变小；色斑大，黑色，卵圆形，斑缘辐射状，明显透背，有时花瓣背部有放射状白色条斑。雄蕊残存，藏金，花丝黄白色；雌蕊隐含，心皮正常，房衣残存，黄色，柱头乳黄色。

植株直立，长势强，嫩枝较短。中型长叶偏小，叶柄斜伸，叶色浅绿；小叶排列致密。花香，花期中，结实。该品种盛开时瓣端颜色变浅变白，似晨霜初落，故名。品质良，临夏等地栽培。

'和平蓝' 'He Ping Lan'

花粉蓝色，瓣端色较浅，绣球型、皇冠型。花头直立或侧垂，花径中等。外瓣平直舒展；内瓣宽阔整齐，色斑中等大小，紫红色，卵圆形，斑缘辐射状。雄蕊较少，花丝白色；雌蕊隐含，心皮正常，房衣、柱头乳白色。

植株直立，长势强，嫩枝较长。大型圆叶，叶柄平伸，叶色深绿；小叶平展，质地较厚。花香，花期中，结实。品质良，陈德忠1993年选育并命名。

'蓝绣球' 'Lan Xiu Qiu'

花深蓝色，绣球型、皇冠型。花头直立或侧垂，花径中等偏大。外瓣舒展，平伸或下垂；内瓣宽阔，层叠整齐；瓣基色斑中等大小，紫红色，卵圆形，斑缘辐射状。雄蕊消失；雌蕊常败育，房衣、柱头乳白色。

植株半开张，长势一般，嫩枝较长。大型圆叶，叶柄斜伸或上举；小叶稍卷，质地较厚。花香，花期中，不结实。品质良，传统品种，临洮、陇西等地栽培。

'雪青绣球' 'Xue Qing Xiu Qiu'

淡粉蓝色，绣球型、皇冠型。花头直立，花径大。外瓣大展，瓣基色斑小，黑色，菱形，斑缘辐射状；内瓣宽阔，层叠轻褶，瓣端多皱并不规则裂。雄蕊残存，花丝白色；雌蕊隐含，心皮正常，房衣、柱头乳黄色。

植株半开张，长势强，嫩枝较长。小型圆叶，叶柄平伸，柄凹淡黄，叶缘稍卷；小叶数量少。花清香，花期偏晚，结实。品质良，传统品种，临洮、陇西等地栽培。

‘黄河’‘Huang He’

花乳黄色，单瓣型。花头直立，花径中等。花瓣舒展，质地细腻，基部色斑中等大小，紫红或黑色，卵圆形，斑缘辐射状。雌、雄蕊正常，花药多，着生整齐，花丝白色；心皮正常，房衣白色，全包，浅裂，柱头白色。

植株直立，长势强，嫩枝较长。大型圆叶，叶柄斜伸，叶色深绿有褐晕；小叶内卷，质地较厚。花淡香，花期中，结实能力强。品质良，陈德忠1995年选育并命名。

‘黄河’‘Huang He’

‘黄云’‘Huang Yun’

‘黄云’‘Huang Yun’

花乳黄色，蔷薇型、皇冠型。花头直立，花径小。外瓣舒展侧垂，瓣基色斑中等大小，黑色，呈三角形，斑缘辐射状；内瓣整齐，舒展疏松，由雄蕊不规则瓣化形成。雄蕊较少，部分正常，腰金或藏金，花丝白色；雌蕊微显，心皮正常，房衣白色，残存，柱头黄色。

植株半开张，长势一般，萌蘖性弱，嫩枝较长。大型圆叶，叶柄斜伸，叶色浅绿或深绿；小叶稍卷，数量多，排列正常。花淡香，花期中，结实多。在晨光或落日的余辉中，该品种花瓣间映射出的黄色如云烟缭绕，故名。品质良，陈德忠选育，陈德忠、成仿云1996年命名。

‘黄忠’‘Huang Zhong’

‘黄忠’‘Huang Zhong’

花淡黄色，托桂型、皇冠型、荷花型。花头直立，花径中等。外瓣舒展，瓣缘稍内卷，色斑中等大小，紫红色，菱形，斑缘整

‘佛头青’‘Fo Tou Qing’

‘佛头青’‘Fo Tou Qing’

齐或辐射状；内瓣轻褶，皱软，质地较薄。雄蕊较少，腰金、藏金，花丝白色；雌蕊隐含，心皮正常，房衣白色，半包，柱头白色。

植株半开张，长势强，嫩枝较长。小型圆叶，叶柄平伸，叶色深绿；小叶少，质地较厚，排列正常。花香，花期中晚，结实。该品种开花时内瓣易干枯，但枯后黄色加深，并保持较长时间不脱落，喻老将黄忠不服老，故名。品质中，陈德忠选育，陈德忠、成仿云1996年命名。

'佛头青' 'Fo Tou Qing'

花淡黄色（初花青黄，盛开淡黄转纯白），皇冠型、台阁皇冠型。花头直立，花径中偏大。外瓣平直舒展，瓣缘平滑或齿裂，基部色斑中等大小，紫红色，形状及斑缘不规则；内瓣舒展整齐，心瓣较腰瓣宽大。雄蕊无或残存，花丝白色；房衣残存，心皮败育成片状，柱头绿色，或心皮和柱头完全瓣化形成绿色彩瓣。台阁现象发生时，上方花仅由少数花瓣和许多雄蕊组成。

植株半开张，长势一般，嫩枝长，花繁。中型长叶，叶柄平伸，叶色深绿被褐晕；小叶少，稍卷，排列稀疏。花浓香，花期晚，不结实。该品种绿色彩瓣常聚在一起形成"绿心"，故名'佛头青'；或绿色彩瓣似蝴蝶飘落花头，故又称'绿蝴蝶'。花瓣鲜嫩细腻，花色清纯，花型典雅大方，为十分珍贵之传统品种，品质优，临夏、和政等地栽培。

'皇冠' 'Huang Guan'

'黄玉' 'Huang Yu'

'皇冠' 'Huang Guan'

花乳黄色，皇冠型或绣球型。花头直立，花径中。外瓣平伸，舒展，瓣缘平滑，瓣基色斑中偏小，紫红色，卵圆形，斑缘整齐；内瓣分层明显，腰瓣细小，心瓣宽大。雄蕊无；雌蕊隐含，心皮正常，房衣白色。残存，柱头白色。

植株半开张，长势强，嫩枝较长。大型长叶，叶柄平伸，叶色深绿有褐晕；小叶平展，质地较厚。花浓香，花期中，结实。品质优，临洮边宇民选育，成仿云、边宇民2000年命名。

'黄玉' 'Huang Yu'

花淡黄色，皇冠型。花头直立，花径中小。外瓣平直舒展，瓣缘平滑，瓣基色斑小，紫红色，卵圆形，斑缘整齐；内瓣宽阔整齐，腰瓣细直，心瓣宽大。雄蕊残存，花丝白色；雌蕊隐含，心皮正常，房衣白色，残存，柱头白色。

植株直立，长势一般，嫩枝较长。中型长叶，叶柄斜伸，叶色浅绿；小叶平展，质地较厚。花香，花期晚，结实。品质良，临洮边宇民选育，成仿云、边宇民2000年命名。

'祥云' 'Xiang Yun'

花乳黄色，皇冠型。花头直立，花径中等。外瓣舒展，平伸，瓣缘平滑，瓣基色斑中等大小，紫红色，卵圆形，斑缘整齐；内瓣宽阔整齐，腰瓣较小，心瓣宽大。花药残存，花丝白色；雌蕊微显，心皮正常，房衣白色，残存，柱头乳黄色。

植株直立，长势强，嫩枝长达70cm。小型圆叶，叶柄斜伸，叶色浅绿；小叶稍卷，数量少。花浓香，花期中晚，结实。该品种花乳黄色，质地细腻，花冠整齐匀称，具有独特之气质和韵味，加上嫩枝长、丰花等特点，使其成为上乘之品。品质优，成仿云2002年选育并命名。

'祥云' 'Xiang Yun'

'祥云' 'Xiang Yun'

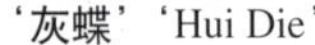
‘灰蝶’‘Hui Die’

‘日月同辉’‘Ri Yue Tong Hui’

‘灰蝶’‘Hui Die’

花粉蓝泛白，单瓣型。花头直立，花径小。花瓣质厚而坚挺，边缘波状，中央颜色明显较深；瓣基色斑中等大小，棕红色，卵圆形，斑缘整齐。雌、雄蕊袒露，发育正常，房衣白色，残存或半包，花丝、柱头乳白色。

植株直立，长势一般，嫩枝较长。中型长叶，叶柄斜伸，叶色浅绿；小叶特多，质地较薄。花淡香，花期中，结实多。品质良，陈德忠选育，成仿云1994年国际登录。

‘日月同辉’‘Ri Yue Tong Hui’

花红白色相间，单瓣型。花头直立，花径中等。花瓣平直或上举，质地坚挺；基部色斑中等大小，紫红色，卵圆形，斑缘辐射状或不规则。雌、雄蕊正常，花丝、房衣、柱头均白色。

植株直立，长势一般，嫩枝较短。中型长叶，叶柄斜伸，叶色深绿；小叶少，平展，质地较厚，排列致密。花香，花期中，结实多。该品种在灰白色花瓣中央发出一条粉红色放射带，故名。品质良，陈德忠选育，陈德忠、成仿云1996年命名。

‘大漠风云’‘Da Mo Feng Yun’

白色花瓣上有不规则粉红或粉蓝色色块，荷花型。花头直立，花径中等。花瓣皱曲多变，质地厚而坚挺；瓣基色斑大，紫红色或紫黑色，卵圆形，斑缘辐射状，微透背。雄蕊退化，花药残存，花丝白色；雌蕊微显，房衣白色，半包，心皮正常，柱头白色或黄色。

植株半开张，长势强。小型圆叶，叶柄斜伸，叶色深绿有褐晕；小叶少，叶缘稍卷，排列致密。花香，花期中早，结实多。该品种花瓣上不规则的杂色色块，喻大漠上空变幻莫测的风云，故名。品质中，陈德忠1994年选育并命名。

‘大漠风云’‘Da Mo Feng Yun’

‘灰鹤’‘Hui He’

花粉蓝色泛白，荷花型、单瓣型。花头直立，花径中等。花瓣宽阔，上举，边缘波状；瓣基色斑大，紫红色，卵圆形，斑缘整齐，稍透背。雌、雄蕊正常，花丝白色或有粉红色晕；房衣及柱头黄白色。

植株直立，长势一般，嫩枝较长。大型长叶，叶柄斜伸，叶色绿；小叶平展，质地

‘太士黄’‘Tai Shi Huang’

‘灰鹤’‘Hui He’

较薄，排列正常。花淡香，花期中，结实多。品质良，陈德忠1994年选育并命名。

‘太士黄’‘Tai Shi Huang’

花红里透粉，菊花型或蔷薇型。花头直立，花径中偏小。花瓣坚挺层叠，由外向内逐渐变小，排列整齐；瓣基色斑中等大小，棕红色，菱形，斑缘辐射状，瓣背白色条斑明显。雄蕊多，花丝白色；雌蕊袒露，房衣黄色，半包，深裂，柱头黄色。

植株半开张，长势强。大型圆叶，叶柄斜伸，叶片黄绿色，有褐晕；小叶平展。花香，花期中晚，结实。品质优，临夏传统品种。据临夏县新集乡张法师1986年讲，该品种是1949年前有人从兰州邓家花园把‘太士黄’的种子带回临夏播种，从实生苗中选育出的。因此，与原‘太士黄’肯定不同，但它花型整齐，花色奇特，花茎挺直，叶色黄绿，仍不失为一个特色鲜明之上乘品种。

‘金城红’‘Jin Cheng Hong’

‘金城红’‘Jin Cheng Hong’

花鲜红色泛蓝，瓣端不规则灰白色，蔷薇型。花头直立，花径中等。花瓣轻褶，排列疏松，瓣缘皱裂，瓣基色斑中等大小，紫黑色，椭圆形，斑缘整齐。花药无或残存，心皮正常；房衣和柱头乳白色。

植株半开张，长势一般，萌蘖少，嫩枝短。中型圆叶，叶柄平伸，叶色深绿，叶缘紫红；小叶稍卷，排列疏松。花香，花期中，结实。品质良，陈德忠选育，陈德忠、成仿云 1996 年命名。

‘金城朝霞’‘Jin Cheng Zhao Xia’

花粉蓝色、瓣缘泛白，蔷薇型、荷花型。花头直立，花径中等。外瓣舒展；内瓣皱曲，疏松，不整齐；瓣基色斑中等大小，红色，卵圆形，斑缘辐射状。雄蕊残存，花丝粉色；心皮正常，房衣、柱头白色。

植株直立，长势强。中型长叶斜伸，叶色深绿有褐缘；小叶稍卷，数量少。花淡香，花期中，结实多。金城为兰州之别称，粉红

‘金城红’‘Jin Cheng Hong’

‘祁连朝辉’‘Qi Lian Zhao Hui’

‘金城朝霞’‘Jin Cheng Zhao Xia’
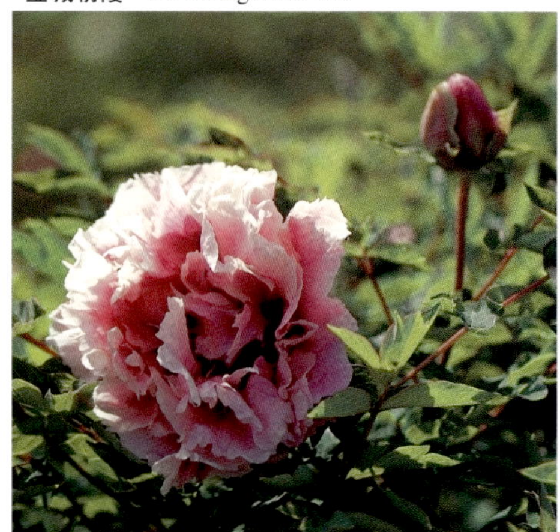

及粉蓝色瓣心喻朝霞。品质良，陈德忠1995年选育并命名。

‘祁连朝辉’ ‘Qi Lian Zhao Hui’

花白色具不规则粉晕，蔷薇型。花头直立，花径中等。外瓣舒展整齐，平伸；内瓣宽阔，排列疏松；瓣基色斑大，黑色，菱形，斑缘辐射状。花药残存，腰金或藏金，花丝白色；雌蕊微显，心皮正常，房衣残存，白色，柱头黄色。内瓣间常见花药存在，说明它是雄蕊瓣化的结果，但该品种花朵不起楼，故归为蔷薇型。

植株开张，长势一般，嫩枝长。中型圆叶，叶柄斜伸，叶色深绿有褐晕；小叶稍卷，数量少或一般，质地较厚，排列致密。花淡香，花期中晚，结实。该品种以白色为基调的花瓣就像祁连山（甘肃最高山峰）的冰雪，其上交错的粉红和粉蓝色晕，似太阳初升时雪原泛射出的光辉，故名。品质良，陈德忠1995年选育并命名。

‘烽火台’ ‘Feng Huo Tai’

花复色，托桂型。花头直立或侧垂，花径中等偏小。两轮外瓣紫红色，平直舒展，基部色斑中等大小，紫红色，椭圆形，斑缘辐射状；内瓣4～5轮，基部紫红，端部粉白，排列整齐，瓣缘鸟尾状分裂。雄蕊消失；雌蕊微显，心皮正常，房衣残存，柱头乳黄色有粉晕。

植株直立，长势一般，嫩枝较短。中型长叶，叶柄斜伸或上举，叶色深绿被褐晕，叶缘内卷；小叶较厚，排列稀疏。花淡香，花期中，结实。品质良，成仿云2003年命名，陇西、临洮栽培。

‘红海风云’ ‘Hong Hai Feng Yun’

‘红海风云’ ‘Hong Hai Feng Yun’

花红色间白条纹，托桂型或荷花型。花头直立，花径大。外瓣斜伸，舒展整齐，瓣缘平滑；内瓣细窄直立，瓣端细长裂；瓣基色斑大，棕红色，圆形，瓣背有白色中肋。花药多，花丝白色；雌蕊袒露，房衣全包，粉色，心皮正常，柱头粉色。

植株半开张，长势强，嫩枝长。中型长叶，叶色深绿。花香，花期中，结实。品质优，陈德忠2002年选育并命名。

‘狮子王’ ‘Shi Zi Wang’

花粉蓝色底具白纹，瓣端泛白，托桂型、皇冠型。花头直立，花径中等偏大。外瓣大而宽展，瓣基色斑大，深紫色或暗棕色，近圆形，斑缘辐射状，透背，瓣背具宽白肋；内瓣直立，基部细窄，色斑中央有白肋通过，瓣端浅裂，有红白纹相间。雄蕊消失或残存；心皮正常，房衣、柱头乳黄色。

植株近直立，长势一般，嫩枝较长。中型圆叶，叶色浅绿，小叶偏小、略内卷。花淡香，花期中，结实。花型奇特，品质优，临洮边宇民选育，成仿云、边宇民2000年命名。

‘烽火台’ ‘Feng Huo Tai’

‘狮子王’ ‘Shi Zi Wang’

'和平二乔' 'He Ping Er Qiao'

'锦绣三台' 'Jin Xiu San Tai'

'金城女郎' 'Jin Cheng Nü Lang'

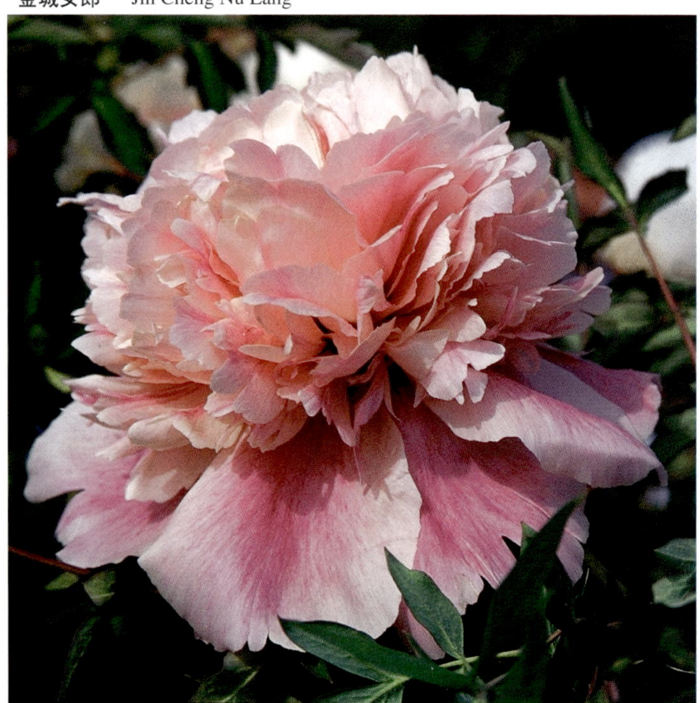

'霞光万里' 'Xia Guang Wan Li'

'和平二乔' 'He Ping Er Qiao'

花红、白相间，皇冠型。花头侧垂，花径中偏大。外瓣斜伸，平直舒展，瓣缘平滑；内瓣坚挺层叠，腰瓣稍窄小，偶有点金，心瓣宽大；瓣基色斑中等大小，紫红色，椭圆形，斑缘辐射状。雄蕊残存，花丝白色；雌蕊隐含，心皮正常，柱头白色，房衣白色，半包。

植株直立，长势一般，嫩枝短。小型长叶，叶柄平伸，叶色深绿；小叶平展，数量少，质地较厚。花香，花期晚，结实。该品种白色花瓣上有深粉红色条纹，使部分花瓣红白相间，甚为醒目。品质良，陈德忠选育，陈德忠、成仿云1996年命名。

'金城女郎' 'Jin Cheng Nü Lang'

花粉红色泛蓝，皇冠型。花头直立，花径中等。外瓣舒展，侧垂；内瓣轻褶紧凑，心瓣较大；瓣基色斑中等大小，紫黑色，卵圆形。花药残存，藏金；心皮正常，房衣白色，半包，柱头淡红色。

植株直立，长势强，萌蘖少，嫩枝长。中型圆叶，叶柄斜伸，叶色深绿；小叶长卵形，叶缘稍卷，质地较厚。花香，花期中，结实。品质良，陈德忠选育并命名，成仿云1994年国际登录。

'锦绣三台' 'Jin Xiu San Tai'

花粉红色泛蓝，腰瓣粉白，皇冠型。花头直立，花径中偏大。外瓣平直舒展，稍下垂，瓣基色斑大，紫黑色，斑缘辐射状；内瓣分层明显，心瓣宽大直立，排列紧凑，色深，腰瓣细窄，排列杂乱，色浅。雄蕊残存，藏金，花丝白色；雌蕊隐含，心皮正常或败育，房衣、柱头乳黄色。

植株半开张，长势一般，嫩枝较短。中型长叶，叶柄平伸，叶色深绿被褐晕；小叶较厚，排列稀疏。花香，花期中，常不结实。品质良，陈德忠选育，陈德忠、成仿云1996年命名。

'霞光万里' 'Xia Guang Wan Li'

花粉、红色相杂，具不规则放射纹，皇冠型。花头直立或侧垂，花径中等。外瓣平展，瓣基色斑中等大小，黑色，圆形，斑缘辐射状，微透背；内瓣皱软纷呈，瓣缘不规则裂。雄蕊残存，花丝白色；雌蕊隐含，心皮正常，房衣、柱头黄色。

植株开张，长势一般，嫩枝较长。中型长叶，叶柄平伸，叶色深绿；小叶稍卷。花浓香，花期晚，结实。该品种花瓣上的粉红色晕块及放射状纹，喻霞光万里。品质中，陈德忠1995年选育并命名。

'粉妆楼' 'Fen Zhuang Lou'

花粉蓝、粉白相杂，绣球型、皇冠型。花头直立或侧垂，花径中等。外瓣斜伸，平直舒展，色斑中等大小，紫红色，圆形或卵圆形，斑缘辐射状；内瓣轻褶紧凑，分层明显，腰瓣色浅，粉白色，心瓣色深，粉蓝色。雄蕊数量多或一般，以腰金为主，也有藏金、点金，花丝白色；雌蕊隐含，心皮正常，房衣半包，乳黄色，柱头黄色。

植株直立，长势一般，嫩枝较短。中型长叶，叶柄平伸，叶色浅绿，小叶稍卷。花淡香，花期中，结实。品质中，临洮传统品种。

'陇原壮士' 'Long Yuan Zhuang Shi'

花粉红色泛紫，绣球型。花头直立，花径中等。外瓣舒展，平伸，瓣缘平滑或齿裂；内瓣宽阔，轻褶紧凑；瓣基色斑中等大小，紫红色，菱形，斑缘辐射状。雄蕊残存，着生不整齐，花丝白色；雌蕊微显，心皮正常，房衣粉色，半包，柱头黄色。

植株半开张，长势强，嫩枝长。中型圆叶，叶柄平伸，叶色深绿；小叶稍卷，质地较厚。花香，花期中，结实多。该品种花色红里透紫、紫里泛白，花瓣宽厚、质地坚硬，给人以黄土高原男子汉那种粗犷、憨厚和健壮的感觉，故名(甘肃简称陇，陇原即甘肃)。品质良，陈德忠选育，成仿云1994年国际登录。

'粉妆楼' 'Fen Zhuang Lou'

'陇原壮士' 'Long Yuan Zhuang Shi'

参 考 文 献

1. 陈灵芝. 1993. 中国的生物多样性：现状及其保护对策. 北京：科学出版社, 178～180
2. 陈鲁夏, 谭红丽. 2000. 中国牡丹纹图谱. 北京：北京工艺美术出版社
3. 成仿云, 王友平. 1993. 牡丹的嫩枝繁殖及嫩枝生根的细胞组织学观察. 园艺学报, 20(2)：176～180
4. Cheng Fang-yun(成仿云). 1994a. Registration of *Paeonia rockii* cvs. Amer. Peony Soc. Bull., (292)：28-32
5. 成仿云. 1994b. 牡丹史话. 园林, (5)：9～10; (6)：13～14
6. Cheng Fang-yun(成仿云), Li Jiajue. 1994. *Paeonia rockii* and its cultivars. Amer. Peony Soc. Bull., (291)：32-34
7. 成仿云. 1996a. 紫斑牡丹有性生殖过程的研究. 北京林业大学博士论文
8. Cheng Fang-yun(成仿云). 1996b. Introduction of a Feasible Method to Propagate Tree peonies for Amateurs. Amer. Peony Soc. Bull., (298)：33-37
9. 成仿云. 1997. 美国牡丹芍药协会与美国牡丹芍药的发展. 西北师范大学学报(自然科学版), 33(1)：110～115
10. 成仿云, 李嘉珏, 陈德忠. 1997. 中国野生牡丹自然繁殖特性的研究. 园艺学报, 24(2)：180～184
11. 成仿云. 1998. 紫斑牡丹花粉发育的细胞形态学研究. 园艺学报, 25(4)：367～373
12. 成仿云, 陈德忠. 1998. 紫斑牡丹新品种选育及牡丹分类研究. 北京林业大学学报, 20(2)：27～32
13. 成仿云, 李嘉珏. 1998. 中国牡丹的输出及其在国外的发展I：栽培牡丹. 西北师范大学学报(自然科学版), 34(1)：109～116
14. 成仿云, 李嘉珏, 于玲. 1998. 中国牡丹的输出及其在国外的发展II：野生牡丹. 西北师范大学学报(自然科学版),34(3)：103～108
15. Cheng F. Y. (成仿云)., Aoki N.. 1999a. Endosperm Development and Its Relationship to Embryo Development in Blotched Tree peony (*Paeonia rockii*). Bull.Fac.Life Env.Sci. Shimane Univ., 4:7-11
16. Cheng F. Y. (成仿云), Aoki N..1999b. Development of Ovule and Embryo Sac in Blotched Tree peony (*Paeonia rockii*). Bull. Fac.Life Env. Sci. Shimane Univ., 4:13-20
17. 成仿云. 2000. 紫斑牡丹的花药发育和小孢子发生. 西北植物学报, 20(1)：129～134
18. 成仿云. 2001a. 梅花, 牡丹栽培及其文化发展之比较. 北京林业大学学报, 23(特刊)：97～101
19. 成仿云. 2001b. 牡丹产业化发展的生产栽培技术. 北京林业大学学报, 23(增刊)：120～123
20. Cheng F.Y. (成仿云), N. Aoki and Z.A. Liu.2001. Development of Forced Tree Peony and Comparative Study of Pre-chilling Effect on Chinese and Japanese Cultivars. J.Japan Soc. Hort. Sci. 70:46-53
21. 成仿云. 2002. 牡丹国内外生产状况及市场特点. 中国花卉园艺, (3)：11～13
22. 成仿云. 2003. 神秘美丽的紫斑牡丹. 园林, (4)：36～39, (6)：30～32
23. 狄维忠, 于兆英. 1989. 陕西省第一批国家珍稀濒危保护植物. 西安：西北大学出版社, 156～165
24. 定光凯等. 2002. 甘肃子午岭紫斑牡丹调查报告. 甘肃林业科技, 27(1)：1～4
25. 甘肃省博物馆, 武威县文化馆. 1975. 武威汉代医简. 北京：文物出版社
26. 国家环境保护局, 中科院植物研究所. 1987. 中国珍稀濒危植物名录(第一册). 北京：科学出版社
27. 何桂梅, 成仿云. 2004. 牡丹的杂交育种及其最新进展. 中国观赏园艺研究进展 2004. 北京：中国林业出版社，149～155
28. Hong D Y (洪德元). 1997. *Paeonia* (Paeoniaceae) in Xizang (Tibet). Novon 7：156-161
29. 洪德元. 1998. 紫斑牡丹及其一新亚种. 植物分类学报, 36(6)：538～543
30. 洪德元, 潘开玉. 1999a. 芍药属牡丹组的分类历史和分类处理. 植物分类学报, 37(4)：351～368
31. Hong D Y(洪德元), Pan K Y (潘开玉). 1999b. A Review of *Paeonia suffruticosa* Andrews complex (Paeoniaceae). Nord J Bot, 19(3)：289-299
32. 洪涛等. 1992. 中国野生牡丹研究(一)芍药属牡丹组新分类群. 植物研究, 12(3)：223～234
33. 洪涛, G L 奥斯蒂. 1994. 中国野生牡丹研究(二)芍药属牡丹组新分类群. 植物研究, 14(3)：237～240
34. 胡大浚. 1992. 甘肃古迹名胜词典. 兰州：甘肃教育出版社
35. 计楠. 清. 牡丹谱
36. 景新明等. 1995. 野生紫斑牡丹和四川牡丹种子萌发特性及其与致濒的关系. 生物多样性, 3(2)：84～87
37. 蓝保卿等. 2002. 中国牡丹全书. 北京：中国科学技术出版社
38. Li H L(李惠林). 1959. The Garden Flowers of China. New York：Ronald Press Com
39. 李嘉珏. 1989. 临夏牡丹. 北京：北京科学技术出版社
40. Li Jiajue(李嘉珏), Zhao Qianlong and Cheng Fang-yun. 1995. Classification Study on the Chinese Moutan(Tree Peony) and the Moutan Breeding. Acta Horti., 404：118-122
41. 李嘉珏等. 1997. 牡丹芍药开花授粉生物学与人工杂交试验初报.植物引种驯化集刊, (11)：65～72
42. 李嘉珏等. 1999. 中国牡丹与芍药. 北京：中国林业出版社
43. 廉永善, 赵敏桂, 陈一平, 陈德忠. 2004. 牡丹与芍药台阁花中上方花的来源. 兰州大学学报, (6)：72～77
44. 刘立品. 1998. 子午岭木本植物志.兰州：兰州大学出版社, 95～99
45. 陆游. 宋. 天彭牡丹谱
46. 母锡金, 王伏雄. 1985. 芍药胚和胚乳早期发育的研究.植物学报, 27(1)：7～12
47. 欧阳修. 宋. 洛阳牡丹记
48. 潘开玉. 1979. 中国植物志(第二十七卷, 芍药属). 北京：科学出版社, 39

49. 钱敏之等. 1991. 神龙架野生紫斑牡丹引种调查研究. 武汉植物学研究, 9(4)：372～377
50. 秦魁杰, 李嘉珏. 1990. 牡丹芍药品种花型分类研究. 北京林业大学学报, 13(2)：125～129
51. 王莲英. 1986. 牡丹品种花芽形态分化观察及花型成因分析. 园艺学报, 13(3)：203～208
52. 王莲英等. 1997. 中国牡丹品种图志. 北京：中国林业出版社
53. 王莲英等. 1999. 中国牡丹与芍药。北京：金盾出版社
54. 王友平. 1994. 牡丹嫩枝根接育苗的研究. 西北园艺, (2)：8～9
55. 王忠敏. 1991. 牡丹周年开花的基本原理与技术措施. 中国园林, 7(2)：48～52
56. 王宗正, 章月仙. 1987. 牡丹花芽的形态发生及其生命周期观察. 山东农业大学学报, 18(3)：9～15
57. 王宗正, 章月仙. 1991. 从芍药的花芽分化试论芍药、牡丹的花型形成和演化. 园艺学报, 18(2)：163～168
58. 西北植物研究所. 1974. 秦岭植物志(第一卷第二册). 北京：科学出版社, 225
59. 杨军, 曾明. 1993. 唐代长安牡丹考. 中华文史论丛(钱伯城主编). 上海：上海古籍出版社
60. 余鹏年. 清. 曹州牡丹谱
61. 喻衡, 杨念慈. 1962. 中国牡丹品种的演化和形成. 园艺学报, 1(2)：175～186
62. 喻衡. 菏泽牡丹. 1980. 济南：山东科学技术出版社
63. 喻衡. 1982. 中国牡丹品种整理、选育和命名问题. 园艺学报, 9(3)：65～68
64. 俞思佳, 张佐双等. 1993. 北京地区牡丹和芍药主要病虫害的综合防治. 北京林业大学学报, 15(2)：103～107
65. 于兆英等. 1987. 珍稀植物——紫斑牡丹与矮牡丹的核型分析. 西北植物学报, 7(1)：12～16
66. 袁涛, 王莲英. 2002. 根据花粉形态探讨中国栽培牡丹的起源. 北京林业大学学报, 24(1)：5～11
67. 张益民, 王进涛, 张赞平. 1990. 河南紫斑牡丹的生态环境及其分布规律的研究. 豫西农专学报, (1)：5～13
68. 中国科学院植物研究所. 1980. 中国高等植物图鉴(第一册). 北京：科学出版社, 652
69. 周师厚. 宋. 洛阳牡丹记
70. 周家琪. 1962. 牡丹芍药花型分类的探讨. 园艺学报, 1(3～4)：351～360
71. Andrews H. 1804. *Paeonia suffruticosa*. Bot Repository, 6：t：373
72. Andrews H. 1807. *Paeonia papaveracea*. Bot Repository, 7：t：448
73. Aoki N. 1992a. Effects of Prechilling and Postbudbreak Temperature on the Subsequent Growth and Cutflower Quality of Forced Tree Peony. J. Japan Soc. Hort. Sci. 61(1)：127-133
74. Aoki N. 1992b. Influences of Prechilling on the Growth and Development of Flower Buds and Cutflower Quality of Forced Tree Peony. J. Japan Soc. Hort. Sci. 61(1)：151-157
75. Aoki N and Inoue I. 1992. Studied on Production of Nursery Stock in Tree Peony. Bull. Fac. Agr Shimane Univ., 26：83-89
76. Armatys L. 1970. The New Hybrids of Moutan. RHS Journal, 95：107-110
77. Barton L V.1933. Seedling Production of Tree Peony. Contribs. Boyce Thompson Inst. 5：451-460
78. Barton L V, Chandler C. 1958. Physiological and Morphological Effects of Gibberellic Acid on Epicityl Dormancy of TreePeony. Contribs. Boyce Thompson Inst. 19:201-214
79. Bean W J. 1976.Tree and Shrubs Hardy in the British Isles. Eighth Edition Revised(2nd Impression). 4：77-84
80. Brühl P. 1896. Some New or Critical Ranunculaceae from Indian and adjacent regions. Ann. Roy. Bot. Gard. Calc. 5:69-115
81. Buchhem, J.T. and M Meyer. 1992. Micropropagation of peony(*Paeonia* spp.). In Biotech. Agr. and For., vol. 20, High-Tech and Micropropagation IV (ed. Y. P. S. Bajaj). Springer-Verlag Berlin Heidelberg. 269-285
82. Carsten B., http://www.paeon.de
83. Cave M. S., Annott H.J., Cook S. A. 1961.Embryogeny in the California Peonies with reference to their taxonomic position. Amer. J. Bot, 48:397-404
84. Chan, C. R. and R. D. 1999.Marquard, Accelerated propagation of Chionanthus virginicus via embryo culture. HortScience, 34:140-141
85. Farrer R J. 1914 Exploration in China, 2. In：Gansu. Gard Chron., 3：56：213
86. Farrer R J. 1917. On the Eaves of the World, vol.1：109-112, London：Arnold
87. Hashida R (桥田亮二). A Book Of Tree and Herbacious Peonies in Morden Japan (2nd Printing). Tabebayashi City：Japan Botan Society
88. Haw S G. 1985. A Problem of Peonies. The Garden, 111(7)：326-328
89. Haw S G. 2001. Tree Peonies：A Review of Their History and Taxonmy. The New Plantsman, 8(3)：156-171
90. Haw S G, Lauener L A. 1990. A Review of the Infraspecific Taxa of *Paeonia suffruticosa* Andrews. Edinb. J. Bot., 47(3)：273-281
91. Kessenich G M. 1986-1996. Present and Past Originators of Peonies and Their Introductions. Nomenclature, American Peony Society
92. Osti G L. 1999. The Book of Tree Peonies. Turin：Umberto Allemandi&C.
93. Rieck I and Hertle F. 2002. Strauchpfingstrosen. Hohenheim：Ulmer
94. Sims J. *Paeona moutan*. Curtis' Bot Mag.. 27:t. 1155
95. Smithers P. 1992. Rock's Peony. The garden. 117：519-521
96. Stern F C. 1946. A Study of the genus *Paeonia*. London：RHS
97. Stern F C. 1959. *Paeonia suffruticosa* Rock's var. . J of the RHS, 84：366, fig. 104
98. Trehane P *et al*. 1995.International Code of Nomenclature for Cultivated Plants. Quarterjack Publishing
99. Waddick J. 1994. Chinese Peony Notes. Amer. Peony Soc. Bull., (290)：5-6
100. Wister J C. 1995. The Peonies(2nd Printing). American Peony Society, Hopkins, MN
101. Yakovlev M S. 1957. On Some Peculiar Features in the Embryogeny of *Paeonia* L. Phytomorphology, 7：78-85
102. Zillis, M. R. and M. M. Meyer.1976. Rapid in vitro germination of immature, dormant embryos. Proc. Int. Plant Prop. Soc., 26:272-275

品种名笔画索引

品种名汉语拼音索引

S

T

W

X

Y

Z

致　谢

我于1988年开始研究紫斑牡丹，1994年萌动写书的念头并开始准备，到2000年才正式动笔，历经三年反复修改后，终于在2003年秋完成书稿，到今天出版之时，又有快两年的时间要过去了。除著作者的通力合作外，本书还凝聚着我的老师、同事和学生们多年来的关怀、支持、鼓励和参与，渗透着许多牡丹工作者、生产者和同行们的劳动和汗水。曾任中国花协牡丹芍药分会首任会长的我国著名园林植物学家、北京林业大学陈俊愉院士德高望重、学识渊博，对包括牡丹在内的各种传统名花均有很深造诣。我作为他惟一研究牡丹的研究生，有幸能经常聆听他对牡丹的一些高瞻远瞩的见解，确实受益匪浅。他几十年如一日刻苦钻研学问的敬业精神，更是鞭策和鼓励我克服困难的动力。“牡丹真国色，丰富并提高；植根炎黄土，四海尽舜尧。”这是陈先生在我赴日留学前给我写的壮行诗，字里行间流露着他对我、更是对中国牡丹的期望。著名牡丹专家、中国花协牡丹芍药分会会长、北京林业大学王莲英教授，长期对紫斑牡丹的研究和发展十分关心，不仅对本书的编写给予了热情支持和鼓励，而且在书稿完成后，她一丝不苟地审阅了全文，提出了许多重要的修改意见。芍药属分类权威、著名植物学家、中国科学院植物所的洪德元院士，在紫斑牡丹野生种分类的关键环节给我指点迷津，避免了从事园艺学研究的人不易觉察到的错误。著名园林植物学家、北京林业大学园林学院院长张启翔教授，亦师亦友，在各方面给予了实质性的支持与帮助，为我集中精力完成本书创造了良好条件。

国际树木学会副主席、意大利著名牡丹专家G.Osti博士，帮我获得了赴欧洲四国，尤其是到英国进行考察研究的经费支持，使我有机会在英国皇家植物园（邱园）芍药属专家M. Sinnott的协助下，研究了有关原始标本与文献，解开了早期紫斑牡丹研究中的许多疑团。与日本著名牡丹专家、岛根大学青木宣明教授的合作研究，不仅使我掌握了先进的牡丹栽培技术，也启发和激励着我对紫斑牡丹商品化生产的研究与思考。

原临洮县花卉协会的边宇民和袁海赢等几位老同志，把他们多年千辛万苦调查记载的原始资料让我借阅，而且在我每次到临洮调查时都主动做向导，为整理临洮紫斑牡丹提供了极大便利。临夏园林科研所的牡丹专家金学信先生，不辞辛劳，带着我走村串乡，毫不保留地讲述了自己多年调查研究临夏紫斑牡丹的积累和经验。甘肃临洮农校的王友平高级讲师，与我一同研习紫斑牡丹的繁殖，开启了我的牡丹研究之路。王云武等几位摄影家不辞辛劳，专程从北京到甘肃各地帮我拍照，用高超的拍摄技艺向读者展现了紫斑牡丹灿烂而迷人的风采。中国林业出版社的李惟、陈英君等各位编辑，尤其是责任编辑贾麦娥女士认真负责、精益求精，为提高编辑质量做了大量耐心细致的工作。

多年来直接参与调查及实验、或提供各种帮助与资料的，还有西北师范大学的金芝兰、马瑞君、廉永善和陈学林等教授以及贺超英（博士）、张辉、马海云、侯岁稳（博士）等同学；有兰州宁卧庄饭店的马会生经理，白龙江自然保护区的张华声工程师，甘肃庆阳林业学校的定光凯教授，临夏林业技术推广站的常维明站长，甘肃奥凯园林有限公司的成信云经理等；有前牡丹芍药新品种国际登录权威G. Kessenich、德国的I. Rieck和C. Burkhard、英国的W. McLewin，以及奥地利的N. Fritz、美国的J. Waddick、C. Schroer、D. Hollingsworth、L. Gratwick等著名的牡丹专家；有赵孝庆、李龙章、赵永青、付正林、金志伟、程彦琳、陈富飞、陈富军、陈富慧、马学林和何丽霞等同行朋友，有何桂梅、徐艳、李晋芝、李萍、左丽娟、张文娟、乌正祥、吴田田和周声波等各位博士及硕士生。

在此，谨向上述各位表示衷心感谢，同时感谢北京林业大学、西北师范大学、日本岛根大学、英国皇家植物园（邱园）与爱丁堡植物园、北京植物园，以及甘肃省自然科学基金委、北京市自然科学基金委、国家自然科学基金委、国家科委和日本学术振兴会(JSPS)、国际树木学会(IDS)对有关研究工作的支持与资助。

成仿云

2005.3.10 于北京柏儒苑

“国色天香西北浓，尽染桑梓满园春”。在书稿付梓之际，回顾编纂本书的往事与心路历程，最刻骨铭心的不是实验室的寂寞、田间的骄阳、翻山越岭的艰辛，以及游学日本与欧美的喜悦和收获，而是思乡与思亲之情，也许这就是我们每个中国人心头难解的“中国结”：

——当晨光透过清新的空气散落在渭河上游
一个普通农家院落时，
爷爷总是先从村边的小溪中打来清泉，
沐浴院内每一株花草后才开始一天的劳作。
院中小花园和房前显要位置，
栽种和摆放着迎春、探春、玫瑰、月季、荷包牡丹和秋菊等各种花卉，
更有以后与我结下不解之缘的牡丹和芍药。
从我开始记事起，院中就有两株牡丹树，
庭房檐下的一株主枝碗口粗细，比我当时要高得多，开紫红色花；
花园中的一株开粉色花，植株略小些。
每年开花时，爷爷总要剪几枝，将基部用热灰烧烫后，
插在一个绿色广口花瓶中，摆放在屋内正中供奉祖先的八仙桌上，
于是满屋飘香、数日不散。
记得在一个夜深人静的晚上，
爷爷语重心长地告诉我，他在院里栽的两株牡丹，
过些年后可以把根挖出来当药材卖钱，
但是一定要分栽小株，不能断了“根”。
他还特别强调，开粉花的那株虽然花不太好看，
但根一样有用，况且别人家较少，所以也要留住。
爷爷已作古，我不知道他老人家是否了解牡丹“国色天香、雍容华贵”的内涵，
但清楚那至今萦绕心头、沁人心脾的花香就渊源于故乡的紫斑牡丹，
知道那曾经发生的一幕又一幕仍然在那里发生着、继续着，
因为它不仅是一种花卉的传承，更是一种习俗、传统和文化的世袭。

谨以此书献给无数默默无闻培育与传承紫斑牡丹的先辈们，献给众多有志于我国园林花卉事业发展的有识之士！

成仿云
2005.4